新型农业经营体系

XINXING NONGYE JINGYING TIXI

卜 刚 著

中国海洋大学出版社

·青岛·

图书在版编目（CIP）数据

新型农业经营体系 / 卜刚著 . -- 青岛 : 中国海洋
大学出版社 , 2023.8
ISBN 978-7-5670-3570-6

Ⅰ . ①新… Ⅱ . ①卜… Ⅲ . ①农业经营—经营体系—
研究—中国 Ⅳ . ① F324

中国版本图书馆 CIP 数据核字 (2023) 第 142416 号

卜刚著

出版发行	中国海洋大学出版社		
地　　址	青岛市香港东路 23 号	**邮政编码**	266071
出 版 人	刘文菁		
网　　址	http://pub. ouc. edu. cn		
电子信箱	wangjiqing@ouc-press.com		
订购电话	0532-82032573		
责任编辑	王积庆	**电　　话**	0532-85902349
印　　刷	蓬莱利华印刷有限公司		
版　　次	2023 年 8 月第 1 版		
印　　次	2023 年 8 月第 1 次印刷		
成品尺寸	170mm×240mm		
印　　张	11		
字　　数	201 千		
定　　价	49.00 元		

前言 ▶▶▶▶▶▶

党的十八届三中全会强调，要加快构建新型农业经营体系，坚持家庭经营在农业中的基础性地位，推进家庭经营、集体经营、合作经营、企业经营等共同发展的农业经营方式创新。新型农业经营体系是我国建设社会主义新农村和推进农业现代化的必然要求，既是与农业经营相连的系统构成的有机整体，也是对原有农业经营体系的继承和提升。以农户为主的多元经营主体，以及以农民家庭经营为主的多种形式的农业经营，是新型农业经营体系的主要特征。在构建新型农业经营体系时应坚持农村基本经营制度，坚持家庭经营在农业经营中的基础性地位，尊重农民的意愿，并以农民的利益为重，以提高农业的综合能力为核心。通过培育和发展以广大农民为主体的、有利于提升农民家庭经营品质的新型农业经营主体，以及发展农业社会化服务，是构建新型农业经营体系的主要途径。

新型农业经营体系应该是现代农业产业体系、组织（主体）体系、制度体系和网络体系的集合体。产业组织与组织制度的选择和安排是新型农业经营体系的关键。在建构过程中，要合理运用农业股份合作制和土地股份合作制，处理好农业家庭经营和企业经营的关系，防止新型农业主体培育中的主体异化。此外，要注重多类型农业规模经营与多元化服务体系的相互协调，把握农业规模经营的适度性和多样性，处理好服务外包化与内部化、服务公平与效率的关系。在新型农业经营体系构建中，要深化农村土地产权制度与集体经济制度的改革，尽快建立农民土地承包权有偿退出和市场交易机制，改革现行农村集体经济制度。

本书共分为七章。第一章对我国新型农业经营体系进行了系统的阐述，便于读者的理解；第二章论述了新型农业经营体系的组织创新，提出了"新一代农业合作社"的概念；第三章对我国农村土地承包及经营权的流转进行了阐述，在未来农业的发展中必须要实现农村土地的规模经营；第四章阐述了我国当前精准农业的发展及相关的技术体系，有利于提高农作物产量，降低农资损耗，满足人们对农产品的需求；

第五章论述了我国农产品的营销方式，在当前互联网快速发展的情况下，要加快农产品的网络营销的发展；第六章论述了我国的农村金融制度，解决农民的资金问题；第七章对我国农村社会保障体系的内容、弊端及解决方式进行了系统的论述。

　　本书在写作过程中，参考了众多专家学者的研究成果，在此表示诚挚的感谢！由于本人的水平和能力有限，本书在写作过程中难免会出现疏漏，恳请广大读者给予批评指正，以便使本书不断完善。

卜　刚

2023 年 4 月

目录 ⟩⟩⟩⟩⟩⟩⟩

第一章　加快我国新型农业经营体系的构建 1

第一节　新型农业经营体系的内涵及对策建议 1

第二节　农村新型经营主体的构建 9

第三节　以科技支撑新型农业经营体系发展 12

第二章　新型农业经营体系的组织创新 17

第一节　农业经济组织的特性分析 17

第二节　资产专用性、专业化生产与农户的市场风险 27

第三节　新一代合作社的提出 34

第三章　农村土地承包及经营权流转 39

第一节　农村土地承包经营权的相关理论 39

第二节　农村土地承包经营权的流转 47

第三节　中国农村土地规模经营 56

第四章　我国精准农业的发展及技术体系 67

第一节　精准农业的内涵及原理 67

第二节　精准农业的技术体系 75

第三节　精准农业的技术实施 83

第五章 我国农产品营销方式的创新 ·························· **88**

第一节 农产品直接营销 ························· 88

第二节 农产品间接营销 ························· 95

第三节 农产品网络营销 ························· 102

第四节 农产品其他营销方式 ····················· 109

第六章 我国农村金融制度的创新 ·························· **118**

第一节 农村金融与农业经济发展 ················· 118

第二节 农村金融制度创新路经研究 ················ 124

第三节 二元结构下我国农村金融抑制的原因和出路 ········· 138

第七章 我国农村社会保障的理论研究 ····················· **147**

第一节 我国农村社会保障制度的历史变迁 ············ 147

第二节 当前我国农村社会保障的基本概况 ············ 152

第三节 我国农村社会保障体系建设的主要内容 ········· 156

第一章　加快我国新型农业经营体系的构建

党的十八大报告提出，坚持和完善农村基本经营制度，依法维护农民土地承包经营权、宅基地使用权、集体收益分配权，壮大集体经济实力，发展农民专业合作和股份合作，培育新型经营主体，发展多种形式规模经营，构建集约化、专业化、组织化、社会化相结合的新型农业经营体系。为实现这一目标，我们必须要加快新型农业经营体系的构建。

第一节　新型农业经营体系的内涵及对策建议

构建新型农业经营体系是对农业经营体制的一次重大政策调整，这里的"新型"是对传统农业经营方式的创新和发展，是与我国传统农业小规模经营特点相区别的。意义在于推行与新型城镇化、城乡一体化发展相适应的农业经营体制，转变农业发展方式，提高农业综合生产能力，持续增加农民收入。同时，也是确保农产品质量和有效供给，提高农业市场竞争力的重要支撑。

一、新型农业经营体系的内涵及意义

（一）新型农业经营体系的内涵

新型农业经营体系是以家庭农场、专业大户、农民合作社、农业社会化服务组织等农业生产经营单位为主体，带动农户增产增收、推动现代农业发展的规模经营和社会化服务体系。集约化、专业化、组织化、社会化是新型农业经营体系区别于传统农业经营体系的特征和优势。集约化是指以现代农业装备、人力资本、农业科技、农业服务等取代传统农业生产手段和要素，不断提高农业产业发展水平；专业化主要是指农业生产经营服务主体和农业区域的专业化，通过分工协作提高农业生产率，实现区域农业规模经营；组织化是指农业主体的发育、相关农业组织的创新以及农业产业链的分工协作和一体化发展；社会化是指农业发展过程的社会参与和农业服务的社会提供。

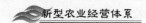

近年来,随着农业现代化水平不断提高和政策扶持力度不断加大,农村土地流转和规模经营快速发展,新型农业经营主体不断涌现,农业经营方式和组织形式不断创新,新型农业体系建设取得长足进展。与此同时,农业兼业化、村庄空心化、农民老龄化等问题凸显,资源环境约束趋紧,城乡资源要素流动和配置不均衡,农业国际竞争力较弱,我国农业现代化面临的问题尖锐复杂。新形势下,推进农业现代化必须突破"就农业论农业"的框框,按照大农业的思路推进新型农业经营体系建设,培育新型农业经营主体,发展新型农业经营方式,构建新型农业社会化服务体系,推动农业向集约化、专业化、组织化、社会化方向发展。

（二）新型农业经营体系的意义

1. 新型农业经营体系具有旺盛生命力

从目前我国的农业生产的发展趋势看,用实践证明了新型农业经营体系具有旺盛的生命力。从改革开放至今四十多年的时间里,我国农业的发展发生了翻天覆地的变化,农村经济发展也在不断加速,农业产品的供给实现了从紧缺向平衡的突破性跨越,不仅满足了人们日益增加的产品需求,也发展了农村经济。在短时间内我国农业发展能取得如此大的成就,是以家庭承包制为基础的。在此基础之上,新型农业经营体系的发展势在必行。事实证明,农村生产力的发展解放了农村积极,激发了广大农民的价值性与创造性。统一经营的方式与制度带领着分散的农户走上了企业化、适应社会市场化的道路,促使传统农业经营体系不断向新型农业经营体系转变。

2. 符合农业生产特点

构建新型农业经营体系符合农业生产特点,也是社会主义市场经济发展的趋势所在。农业生产属于自然再生产、经济再生产的范畴内,而且是有地域限制的,还存在一定的季节性。新型农业经营体系能够让农民根据市场需求、环境改变等因素的不同科学、合理地安排土地的劳动力及劳动时间,将精耕细作的优点发挥到了极致,不仅提高了均地的产出率,还增加了农民的收入。在成功构建新型农业经营体系之后,农民不仅可以大胆地扩大生产投入,积极经营土地,还能进行土地的流转工作,为构建多种形式的经营创造了前提性条件。尤其基于我国是人口大国的特点,人多地少的国情一直存在,构建新型农业经营体系,保障农民的土地权利,为农民提供了最重要的基本生活保障,有利于农村社会的和谐、快速发展。此外,还有利于解决农业生产规模小、竞争力弱等缺点。

3.有利于创新农业生产力

新型农业经营体系有利于创新农业生产力。新型农业经营体系有机整合了农户承包、市场经营两者各自的优势与特点，不仅可以将农业进行可持续发展，还能采用现代化科技将现代农业与手工的传统农业结合起来。在农户独立经营的基础上，构建多形式的合作，将农户的令业性发展与农业社会化服务结合起来，促进中国现代农业的长远发展。新型农业经营体系下成功的案例举不胜举，例如，农业大户、家庭农场的发展及农机跨区作业。[①]

4.符合现代化农业的发展趋势

构建新型农业经营体系符合现代化农业的发展趋势。中国乃至全球各国的农业生产发展到现在，农户承包仍然是最常用的农业经营体系。在这个发展基础之上开始构建新型农业经营体系，虽然各国的基本国情不尽相同，发展方式也不同，但发展的目的相同，就是构建全覆盖、多形式、多样化的农业生产体系，不断提升农业生产的组织化程度与系统化程度。此外，我国农业生产力经营模式中各层次之间的有机结合、相互促进、共同发展，也是借鉴了以往成功的农业生产力经验。

二、构建新型农业经营体系的必要性

随着城市化的进一步发展，我国农业的发展面临着环境条件的深刻变化，农业生产经营也面临着一些新情况新问题，主要表现在以下几个方面。

（一）农村空心化，田地无人耕种

"外面像个村，进村不见人，老屋少人住，地荒杂草生。"这是一首描写农村空心化场景的小诗，读来令人心情沉重。

近些年，农村空心化的现象日趋严重，已经引起了社会各界的高度重视。国家统计局数据显示，2016 年中国城镇化率为 57.3%。而城镇化进程中吸纳大批农民进城务工，农村土地也因此大片游离出来，虽然给现代农业的发展带来了希望，但是"谁来种地"也成了个大问题。

据有关部门统计，2015 年，一些省市农村劳动力大量向城镇和非农产业转移，常年外出务工人员达 1850 万人，占农村劳动力总数的 55%。尽管目前在农业中从业的劳动力还有 1400 多万人，但其中大部分是老年人、妇女和小孩，也就是俗称的"386199 部队"留守农村，由此带来了一系列的问题。

---

① 　朱勇.新增长理论［M］.北京：商务印书馆，2010.

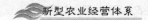

1. 土地闲置,撂荒现象日益严重

如今,大多数农村地区的老人只选择生产条件好的和离家近的田地,而远离家的山坡和旱地则被撂荒了。原来一年可以种两季作物,现在也只种一季。许多农民种粮就只为了解决自己的口粮需求。据国土资源部调查统计,我国每年撂荒的耕地近 3000 万亩,10 年累计土地闲置就是 3 亿亩,这无疑是一个天文数字。[①]

2. 农业发展后劲不足

目前,我国农业劳动者的平均年龄超过 50 岁,"老人农业"现象已成为困扰我国农业发展的一个现实问题,导致农业发展后劲不足。

3. 农业科技和农业机械推广难,阻碍了农业现代化的深入发展

第一次农业普查资料显示:"目前一些省市农村从业人员中,小学及以下文化程度占 42.6%,初中文化程度占 52.8%,也即初中以下文化程度者所占比重高达 95%。"[②]农民老龄化、知识水平低将直接影响农业从业人员对农业科技和农业机械的接受程度,因其文化水平低、年龄大,对新事物学习能力相对弱,因此对农业科技难以掌握。现在农村还有很大一部分人是采用人畜共力的粗放式农业生产方式,农业人口老龄化阻碍了农业现代化的深入发展。

(二)农民增产不增收,要调整农业生产结构

国家统计局发布公告显示,2016 年全国粮食总产量 61624 万吨,比上年减少 520 万吨,下降 0.8%,但仍是历史第一高产年。然而,粮食总产量提高,"多收了三五斗"并没有让农民的收益出现对等的增长。不仅粮食是这样,其他农作物也出现了这样的情况,农民增产不增收这一长期存在的"丰收悖论"一直是困扰农业发展和农民的主要问题。菜贱伤农、谷贱伤农的现象经常发生,"种什么"的问题需要党和政府的研究解答。

(三)农业效率不高,要以科技支撑农业发展

我国人多地少,绝大多数农民的承包耕地规模小而且比较分散,生产效率不高。中国科学院中国现代化研究中心发布的《中国现代化报告 2012:农业现代化研究》称:"以农业增加值比例、农业劳动力比例和农业劳动生产率二项指标进行计算,截至 2008 年,中国农业经济水平与英国相差约 150 年,与美国相差 108 年,与韩国差 36 年。与之相对,中国农业劳动生产率约为世界平均值的 47%,约为高

① 谭晓峰. 构建新型农业经营体系研究 [J]. 农业经济,2014 (1):16-17.
② 陈锡文. 构建新型农业经营体系刻不容缓 [J]. 求是,2013 (22):38-41.

收入国家平均值的 2%，约为美国和日本的 1%。"报告分析还指出："2008 年中国属于农业初等发达国家，中国农业现代化水平低于中国现代化水平。中国农业劳动生产率比中国工业劳动生产率低约 10 倍，中国农业现代化水平比国家现代化水平低约 10%。"党的十八大报告指出，要"促进工业化、信息化、城镇化、农业现代化同步发展"。显然我国农业现代化水平并不够高。因此，必须加快探索如何在家庭承包经营基础上提高农业效率的有效形式，也就是解决将来"怎么种地"的问题。

（四）粮食安全不容忽视，要保障粮食供给

2016 年全国粮食总产量 61 624 万吨，但是自给率却在 90% 以下。国家粮食安全目标是粮食自给率保持在 95%，当前自给率只有 20 %。从数字上看，我们每年必须从国外调运大批粮食来满足国内迅速增长的需求，这说明我国的"粮食安全"存在严重的供需和结构性矛盾，这也说明我国的粮食生产和消费前景不容乐观。[①]

因此新形势下我国提出了国家粮食安全战略，必须要坚持以我为主、立足国内。习近平总书记指出，中国人的饭碗任何时候都要牢牢端在自己手上。我们的饭碗应该主要装中国粮，一个国家只有立足粮食基本自给，才能掌握粮食安全主动权，进而才能掌控经济社会发展这个大局。十几亿中国人不能靠买饭吃、找饭吃过日子，不能把粮食安全的保障寄托在国际市场上。否则，一有风吹草动，有钱也买不来粮，就要陷入被动。"杂交水稻之父"袁隆平曾以"这是一场输不起的战争"来形容现在中国粮食安全问题。

要解决这些问题，客观上要求加快培育新型农业经营主体，大力发展多种形式适度规模经营，加快构建新型农业经营体系。

三、构建新型农业经营体系的对策建议

（一）加快培育壮大新型农业经营主体

作为各级地方政府应该营造良好的政策环境，完善税收、信贷等政策，扶持家庭农场、种养大户、农民合作社等新型经营主体发展壮大，成为建设现代农业的支柱力量。以安徽省宿松县为例，截至 2015 年年底，有省级农业产业化龙头企业 11 家、市级农业产业化龙头企业 38 家、农民合作社 731 家、家庭农场 260 多家、种养

---

① 王征兵 . 论新型农业经营体系［J］. 理论探索，2016（1）：96–102.

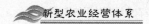

大户1600多家,其中3家农民合作社被评为国家级示范社,15家家庭农场被评为市级及以上示范家庭农场。

（二）积极稳妥发展多种形式适度规模经营

发展现代农业,适度规模经营是发展的必然趋势。鼓励承包农户依法采取转包、互换、入股等多种方式流转承包地,支持土地托管和农机作业服务,充分发挥多种形式适度规模经营在绿色农业发展、农业机械和科技成果应用、市场开拓等方面的引领功能。

（三）引导发展新型农业服务主体

为适应现代农业发展的需要,积极引导和支持联耕联种、代耕代种、大型土地托管和其他专业服务的多种新型农业服务主体。扩大政府购买公益性服务机制创新试点,基本建成主体多样、形式多样、竞争充分、政府购买的社会化服务体系。加快发展农业生产性服务业。鼓励新型职业农民自己组织起来,发展自建、自管、自受益型的服务主体。

（四）加快培养新型职业农民

培育新型职业农民不仅解决了"谁来种地"的实际问题,而且解决了"怎样种地"的深层次问题。为此,要重点抓好两个方面:一是大力加强新型职业农民培养,着力培养一批农村发展致富带头人。只有把他们武装起来,让他们全面掌握现代农业知识和技术,生产力和生产效率才能得以提高。二是加强对外人才引进。在政府补贴、项目支持、社会保障、职称评定等方面采取措施,吸引大学生和专业技术人员投身农业。

四、构建新型农业经营体系的现实困境与路径选择——以内蒙古自治区为例

（一）内蒙古自治区构建新型农业经营体系的现实困境

1.农业劳动力结构性短缺

当下,内蒙古农业劳动力不断转移,造成结构性短缺、素质下降等问题。有调查数据显示,截至2014年底,内蒙古自治区农民工总量占到了内蒙古自治区农村劳动力的近四成,其中,外出6个月以上的农民工达到了农村劳动力的近三成。此外,外出务工的农民工多为文化程度相对较高的青壮年农民,所以,留在当地的农业劳动力呈现出文化低、年龄老的趋势,出现了年龄、区域等方面的结构性短缺。

当下,内蒙古自治区农业劳动力中50岁及以上的农民占到了三成多,小学以下文化程度的达到了近八成,表明年轻的农民工留在家乡从事农业工作的积极性不高。上述情况都说明内蒙古自治区存在农业劳动力结构性的短缺问题,对于新型农业经营体系的构建造成了严重影响。至此,培养现代化农民,迫在眉睫。

2.集约化、规模化主体数量不足

当下,承包农户经营开始出现兼业化的状态,产生了集约化、规模化主体数量欠缺的问题。人多地少是我国的基本国情,基于此,我国承包农户的经营规模一般都比较小。当下,内蒙古承包农户的户均耕地仅为7.5亩,而且还存在分布比较零碎的现象;此外,生产性固定资产支出仅为1 000元,仅占农户总支出的3%。所以,随着农村劳动力的不断转移,承包农户经营的方式也不断分化,农业经营集约化程度不够,还会出现粗放经营等现象。各种调查研究结果显示,建设现代农业,必须不断提高集约化程度,致力于发展规模大户,不断推进家庭农场等新型经营主体。[①]

3.合作社和龙头企业发展的问题

为了不断克服农户分散而导致的经营局限性问题,解决合作社和龙头企业的发展问题成为当下重点解决的问题之一。当下,内蒙古自治区新型农业经营体系中,农业生产的方式一般都为"小生产",与中国市场经济中的"大市场"存在着显著矛盾。根据调查研究结果发现,切实解决合作社和龙头企业发展的问题,可以从根本上解决"小生产"与"大市场"的根本矛盾,也是提升农业生产经营系统化的唯一途径。一方面,合作社的发展中存在着服务能力弱、带动能力弱、管理能力弱等问题,无法真正适应现代化农业的发展,也无法给农民带来预期的经济收入;另一方面,龙头企业发展存在着劳动力、原材料等生产要素价格过高、市场竞争力大的问题,内部经济实力不足、创新能力不够、资金不足、与农户间的利益机制不够健全等问题。所以,推进农户与农户之间、农户与合作社之间、合作社与龙头企业之间的合作,以此带给三者以良好的发展,势在必行。

4.农业经营体系发展滞后

当前的农业经营体系发展滞后,无法提供更全面的农业社会化服务,也适应不了产业化的分工要求。随着农业劳动力的不断转移、农业生产力的不断发展,农民收入也在不断增加,农业已经走上了产业化分工的道路,至此,对于农业社会化

---

① 陈吉元,等.人口大国的农业增长[M].上海:上海远东出版社,2011.

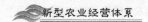

服务的程度又提出了全新的要求。当下,农村集体经济强度比较薄弱,法人地位不明确,为农民提供社会化服务的系统不够全面。同时,经营性组织发展也还不够成熟,经济实力不足,政府的扶持力度不够,服务还无法做到透明、全面、规范。此外,公益性的服务机制发展得不成熟,没有健全的引导机制,不能满足当下农民现代化生产经营的业务需求。尤其是政府的扶持力度不够,导致农业经营体系发展严重滞后。所以,该问题需要及时解决,这样才能真正构建新型农业经营体系。

（二）内蒙古自治区构建新型农业经营体系的具体措施

1. 改善条件,增加农民收入

由于内蒙古自治区独特的地理环境与各方面特点,在资金利用重点上,一定要突出改善农民的农业生产条件,推进农业的结构调整,以此来不断增加农民的收入。在改善生产条件的基础上,不断完善生态环境,通过不断引进农业新品种、推广新品种、学习新技术的方式,构建特色农业产品生产区域和加土基地;不断带动作用力强的产品龙头企业,构建新型农业经营体系;不断促进农业、农村、生产业经济结构的战略性发展,提高内蒙古农业的综合竞争力,不断提升农民的收入,这是当下内蒙古自治区构建新型农业经营体系中的重要任务之一。只有同时实行生产水平的改善、农业结构的调整,才能真正提升新型农业的经营水平,促进农业效率的提升、农民收入的增加。所以,要不断改善内蒙古自治区农业生产条件,推进农业结构的调整,不断提升农业产业的竞争水平,切实构建新型农业经营体系。

2. 合理布局,突出农业优势产区

在区域的布局设计上,需要突出农业优势产区。重点开展优势产区的突出优势,加速完善优势产区的基础设施建设,为推进优势的农业产品生产提供最佳条件。积极支持优势产区的产品生产,有利于推进新型农业经营体系战略性的结构调整与发展,有利于科学合理的农业布局,有利于提高内蒙古自治区农业的综合竞争力。农业要由传统型向生态型、效益型不断发展转变,严格控制农业产品的数量,严禁超载现象的发生,让农业产品有一定的空间与时间可以休养生息,遵循自然的生产规律,适时地进行改良与恢复,争取家家户户每年都能提升收入,通过现代科学技术的手段,提高产品成活率、丰收率,只有这样,才能保证产品、环境、资源的合理利用与共同发展,保证内蒙古自治区新型农业经营体系的可持续发展。

3. 集中资金,促进农业经营体系建设

集中资金,抓住重点,发展关键,对于构建新型农业经营体系,不断增加农民的收入,具有重要作用。

首先,由于内蒙古自治区的经济发展现状,在构建新型农业经营体系方面可以使用的资金是有限的,所以在构建过程中必须坚持有所为、有所不为的原则。当下,虽然内蒙古自治区农业综合开发财政资金投资规模日益庞大,但是构建新型农业经营体系这一块所占到的资金比例还较小,必然无法在发展过程中做到面面俱到,一定要将有限的资金花在刀刃上,以此来突出发展的关键。

其次,构建过程中如果开发面太大,会造成资金使用效率低下的结果。在各类调查研究结果中发现,如果在发展过程中过于重视数量上的扩展,很容易对部分项目造成不良影响。如果已投入资金的项目收益不佳,资金的流动性方面也会出现一定的问题。

综上所述,在资金投入方面,要重点构建小而好的项目体系,也应该收缩投资范围,切忌分散的方式,集中资金进行关键项目的扶持工作,争取有规模、有档次、有水平的项目,不断提升体系的完善水平。

第二节　农村新型经营主体的构建

农村新型经营主体的建立和发展,是社会主义市场经济发展到一定阶段的必然产物,从一定程度上完善了农业结构,农产品市场的竞争力也得到了相应的提高,农民的收入稳步上升,对农村农业的经济发展起着举足轻重的作用。

一、农村新型经营主体的地位和作用

随着现代农业的不断发展,构建农村新型经营主体已经是大势所趋。农村改革的数年来,农村的面貌发生了翻天覆地的变化,同时也取得了不菲的成绩,但是城镇化进程的加快给农业的发展带来了一定机遇的同时,也使农村农业的发展面临着诸多的问题。由于近年来外出务工的劳动力大多是青壮年,而留下来的以老人儿童居多,所以产生了一种现象:农业发展少有人问津,农活无心经营,谁来种地,是当下农村最突出的一个问题。同时,由于种地成本逐年升高,而所收粮食的价格却在逐年下降,农民的收入中,农业收入的比重也在明显下降,如何解决这一问题,提升农业经营收入呢? 当下的农业发展,必须构建农村新型经营主体,将一部分有知识、懂技术的人才留下,使其成为农业建设的新生力量。只有构建新型的

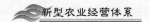

农业经营模式,再加上一批技术型、经营管理型的人才,才能从根本上改变分散经营的现状,实现家庭承包经营责任制,不断提高农业发展水平,同时提升新型经营主体的水平。

二、农村新型经营主体发展存在的问题

(一)人才匮乏

由于农村的各项条件都相对落后,一些管理型、技术型、营销型人才少之又少,培养专业知识丰富、技术水平高、经营有道的人才比较困难,与此同时,农村没有对新型经营主体人才进行培训的组织机制,这些原因最终导致了农村人才的匮乏。

(二)产业化程度低

在实际的产业链关系中,一些农业的龙头企业、合作社、农场等经营主体之间没有进行系统整合,相同产业链之间的衔接较差。生产和销售一条龙的产业化结构在农村尚未开展,所以,虽然新型经营主体发展迅速,但是,由于产业化程度低,给农村的发展带来了一定的影响。

(三)组织化程度弱

新型经营主体之间缺乏组织的意识,农业龙头企业、合作社、农场等,主体之间都各自生产或经营,相互之间没有协同合作的意识,不能形成一个强有力的组织,更没有较强的能力来抵御市场所带来的风险。

(四)社会化程度差

由于新型经营主体之间的专业分工不够完善,所以服务不能扩展到组织以外。另外,由于一些农业社会化服务组织的程度相对较弱,最终阻碍了经营发展的专业化、规模化。

三、培育高质量的农村新型现代生产经营主体

(一)加大教育培训力度,建立一支高素质的职业农民队伍

在构建农村新型经营主体的过程中,要将职业农民的培训作为重要内容。农民在新型经营主体中起着承上启下的作用,所以要加强培养,为新型经营主体的构建奠定坚实的基础。下面从两个方面描述了如何加大教育力度,建立高水平的职业农民队伍。

一方面,建立并完善农村的职业培训体系。对职业农民进行立体式的培训,抓住各自的特点,对其展开有针对性的培训,培训内容包含技术方面的培训、专业知

识方面的培训、经营管理方面的培训等。在对人才进行培训的同时,要能够将重点放在合作社、农业龙头企业、管理者的培训上,不断提高他们的领导才能、管理才能以及营销才能等,最终提高农村新型经营主体的发展。

另一方面,要长期建立职业农民培训机制。通过建设农民创业基地、示范基地等方式,对现代职业农民进行培育,从中培育出较高水平的职业农民,使其成为农村新型经营主体的新生力量,让其作为农业发展的主力军,彻底改变以往农民种地的传统形象,赋予其职业农民的头衔,使农民成为一种职业,而不再是一种身份的象征。

(三)多元化培育并发展农村新型经营主体

构建新型经营体系是一个系统工程,龙头企业、合作社、家庭农场、种养大户却是各自独立又紧密联系的单个市场主体,是整个农村体系的一个单元。积极扶持发展做大一批新技术、新产品、新工艺的"高新"农村龙头企业,鼓励龙头企业联合重组,培育一批产业关联度大、辐射带动能力强的集团企业。[①] 充分发挥龙头企业的带动作用,建立龙头企业与合作社、农户的多种利益联结机制,实现龙头企业、合作社、农户的合作共赢。发挥合作社自我管理、自我发展、自我服务、自主经营的职能,不过多干预、不过度考核、不强求规模,强化实实在在的服务扶持,让农民自己的事自己说了算。

(三)发展社会化服务组织,提高社会化服务水平

积极发展劳务合作社、劳务公司等服务组织,以此应对农村劳动力的转移和农村生产用工的矛盾。大力发展植保、农机合作社等服务组织,提高社会化专业服务水平,承担新型经营主体外包业务,满足新型主体专业化分工的需求,促进集约经营,提高发展水平。

(四)深化农村产权制度改革,激活新型经营主体发展机制

加快推进农村产权交易市场体系建设,构建完善的区镇农村产权交易网络体系,规范运作区镇两级农村产权交易行为,强化土地流转的信息发布、政策咨询、纠纷调处、土地流转合同管理等服务工作,积极探索土地经营权、宅基地使用权、农民住房所有权的抵押融资贷款,为农村新型经营主体发展构建良好的体制机制。

(五)创新服务扶持,优化发展环境

围绕有利于农民增收、农业增效、现代农业发展的方面,统一扶持政策,着力改

---

① 张艳华.如何加快农村新型主体的发展[J].农民致富之友,2017(15):181.

善新型经营主体发展外部环境。逐步提高农业保险保费补贴标准,积极扩展有效担保抵押物范围,探索将土地经营权、农民住房、土地附属设施、大型农机具等纳入担保抵押物范围,为新型经营主体的发展营造良好的发展环境,促进其做大、做强、做优。

第三节 以科技支撑新型农业经营体系发展

2016年3月农业部部长韩长赋在十二届全国人大四次会议记者会上表示,"推进农业现代化是'十三五'期间的一项重要任务,为此,我们要努力实现农业经营体系,生产体系和产业体系的转型升级。"因此,新常态下应重点研究如何充分发挥农业科技创新对农业经营体系转型升级的支撑作用,才能够有效提升新型农业经营体系的发展层级,从而为发展现代农业奠定坚实的基础。

一、科技支撑新型农业经营体系的内涵及研究现状

科技支撑体系可以作为一项较为复杂的系统工程,即在农业产业化发展过程中形成的新型农业经营体系和农业科技进步的有效结合,最终目标是要构建一个能够运行科技创新、科技成果转化与科技服务的高效综合平台,通过促进科技资源共享加快农业现代化发展,旨在更好地构建新型农业经营体系。

(一)科技支撑新型农业经营体系的内涵

对科技支撑新型农业经营体系进行研究,要先研究两者的内涵,从而有利于实现两者的集成与升华。

张扬(2014)提出,构建新型农业经营体系,除了要实现农业土地的适度规模经营以外,还需要大量使用农业科技以及大型的农业机械设备,坚持走专业化、机械化生产的农业发展道路。[①]

夏荣静(2015)认为,通过科技进步提高劳动者的素质,不断优化生产要素组合比例和组合方式,新型农业经营体系就是提高农业生产要素利用效率以及产出的经营方式。[②] 陈立辉(2012)则对科技支撑体系的作用机理做了深入的分析,

---

① 张扬,郑曙峰,朱加保.新型农业经营主体的发展及其对科技的需求[J].现代农业科技,2014(05):308-309.

② 夏荣静.加快构建我国新型农业经营体系的研究综述[J].经济研究参考,2015(36):40-45.

提出科技支撑体系是多元构成体系,包括科技资源的有效投入和科技组织的运作方式。[1] 贾钢涛(2010)从科学发展的视阈着手,提出了科技支撑体系的实质即通过科技政策和科学技术的创新全面提高劳动者素质,从而彻底实现农业生产的发展和资源的优化配置。[2]

(二)新型农业经营体系与科技支撑体系相互关联的研究

立足于传统农户,李后建(2012)研究后提出,农户生产过程中是否采用农业科学技术的动力主要源于内化或者认同的心理过程,主要影响因素是心理直觉有用性及易用性,另外农户的收入水平和受教育水平也会影响农户的技术采纳意愿。[3] 肖云(2012)等发现,政府扶持和专业合作社所提供的技术服务一定程度上提高了农户收入,农业主体通过组织实现个体利益的意愿较为强烈。[4]

立足于新型农业经营主体,刘兴斌(2014)提出,农业龙头企业作为促进农业科技进步重要的载体,努力提升其科技创新能力将推进农业科技的快速发展。[5] 杜永林(2014)研究后认为,随着农业产业结构的优化,新型农业经营主体不断发展壮大,对农业科技的需求出现了规模化生产、产业化经营和社会化服务的新特点。[6] 胡亦琴(2014)提出,农业科技服务体系的核心主体是以农民专业合作社为主体的相关科技非政府组织,能够推进现代服务业与传统农业的耦合发展。[7]

(三)现有科技支撑体系的研究

赵伟峰(2015)提出,现阶段科技支撑体系的构建不但要考虑各类农业经营主体的科技需求,还需要努力搭建相关协调机制来保障科技支撑体系整体功能的有效发挥,从而不断提高新型农业经营体系的整体竞争力。刘舜佳(2013)认为,利用现代农业技术对中国传统农业进行改造,必须把高科技要素投入相关的配套

① 陈立辉.科技支撑体系及其作用与功能 [J].改革与战略,3013(03):20-26.
② 贾钢涛.构建西安农业科技支撑体系的思考 [J].科技管理研究,3010(33):88-91.
③ 李后建.农户对循环农业技术采纳意愿的影响因素实证分析 [J].中国农村观察,3013(03):28-36,66.
④ 肖云,陈涛,朱治菊.农民专业合作社成员"搭便车"现象探究——基于公共治理的视角[J].中国农村观察,3013(05):47-53,95-96.
⑤ 刘兴斌,盛锋,李鹏.农业科技成果转化与推广主体动态博弈及协调机制构建研究 [J].科技进步与对策,2014(09):24-27.
⑥ 杜永林.强化农业科技支撑引领现代农业发展 [J].江苏农业经济,2013(06):27-29.
⑦ 胡亦琴,王洪远.现代服务业与农业耦合发展路径选择——以浙江省为例 [J].农业技术经济,2014(04):25-33.

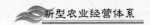

工作做好,如奠定规模化经营的基础、提供科技应用所需的信贷融资、树立市场品牌等方面。

在对相关文献梳理后发现,学者对于构建科技支撑新型农业经营体系的研究较为分散,从宏观上考虑搭建外部监控机制更多一些,较少从新型农业经营主体的实际需求着手研究,造成了科技支撑体系的实践操作性较差。本部分内容力求立足实际,深入研究怎样的科技体系才能真正发挥出农业科技的支撑作用,进而有效推动农业经营体系的转型升级。

二、科技支撑新型农业经营体系的设计思路

以相关理论的梳理研究为基础,设计构建科技支撑新型农业经营体系一方面需要考虑其科学性,另一方面还必须以我国的具体国情为立足点。

因此,我国科技支撑新型农业经营体系的设计思路可以从以下三个方面着手。

第一,要遵循客观市场规律,以相关主体的科技市场需求为出发点,保证市场的引领作用得到充分发挥。

第二,要考虑当前我国新型农业经营体系的特点以及市场经济的不完善性,如果完全依靠市场机制设计科技支撑体系,不但会花费更多的时间,还会造成市场失灵和资金分散。

第三,由于科技支撑新型农业经营体系的架构还具备公益性质,相关政府部门有义务承担起设计构建科技支撑体系的责任,才能将政府在科技支撑体系构建中的独特功能有效发挥出来。

科技支撑新型农业经营体系作为一项系统工程,其设计与构建仅靠市场的引领作用以及政府的推动力还远远不够,要让新型农业经营主体积极主动地参与进来,使相关主体的功能得到充分发挥。

三、科技支撑新型农业经营体系的内容架构

（一）以新型农业经营主体为骨干力量构建农业科技创新体系

促进新型农业经营主体与农业高等院校、科研院所跨单位、跨区域紧密合作,形成有效的农业科技创新体系。

新型农业经营主体是推进农业现代化发展的骨干力量,同时还是农业科技的创新者以及实践应用者。在新形势下,与传统农户相比,农业经营主体不仅规模较大、综合实力较强,资金也较为雄厚,因此是市场和农户之间有效的联结者。

第一，可以通过制定各项政策刺激鼓励新型农业经营主体加大农业科技投入，使其能够自主进行农业科技的研发与创新，成长为具有创新创业精神的科技型新型农业经营主体。

第二，由于科研院所和农业高等院校具备人才优势，他们正是农业科技源头创新的核心力量，可以采取必要措施整合两者的资源，激活科研活力，促成新型农业经营主体与科研院所、农业院校共建农业科技研发中心，搭建科技攻关平台，从而有效发挥农业产学研相结合的优势，大力提升农业科技创新能力，共享科研成果。

（二）针对性提升新型农业经营主体的科技素质

新形势下，由于各类新型农业经营主体对农业科技已表现出了各自不同的需求，因此，必须要有针对性地加大农业科技教育与培训力度，采用因地制宜、各个击破的措施，有效增强各类新型农业经营主体学习、应用新技术及发展新产业的能力。

第一，关注省部共建农业高校的发展，根据各省农业现代化发展要求，积极带领涉农高等学校，对相关专业结构进行调整和优化，创新办学培养模式，从而大幅提高农业人才培养的针对性，提升农业高校服务"三农"的人才支撑能力。同时，以政府为主导，农科教相结合和广大农民广泛参与的职业农民教育培训体系要构建完善起来，可以采取政策鼓励措施让农民专业合作社或农业企业等社会力量积极参与进来，创办一批农民需要的、真正受农民群众欢迎的农民科技培训基地。

第二，以农业科技的重大项目、重大工程、重大学科和重点科研基地为依托，依靠优势农产品，成立一大批应用于农业生产产前、产中及产后全过程的现代农业技术团队，鼓励各类新型农业经营主体积极参与进来，确保各类主体能够紧跟农业科技发展形势，及时运用最新的农业技术，从而成为推动农业现代化的核心力量。

（三）提供需求型科技服务，保障科技服务质量

各类新型农业经营主体（如家庭农场、农业专业合作社以及农业龙头企业）对于农业科技存在异质性的科技需求，根据其不同需求，针对性地提供需求型科技服务，有效保障科技服务的质量水平。

家庭农场应拓展多方面渠道关注农业讯息，以便及时、准确地了解相关农业政策、最新市场动态以及科研成果，迫切需要在关键时节能有专业农业科技人员驻点进行指导，解决制约农业产业发展的核心问题。农业专业合作社要加强与农业科研所的科技合作，保持信息交流平台的畅通，在产业发展关键时节加强技术指导。

农业龙头企业应积极探索与科研院所、农业高等院校的合作开发模式,从源头参与科研成果的培育,从而能够全面掌握成果的特征和动态。

（四）以政府为主导构建农业科技成果转化与推广体系

在科技支撑新型农业经营体系的构建过程中,农业科技成果转化与推广体系是新型农业经营主体培育壮大的重要科技支撑。

我国各地的实践已经证明,农业科技本身具备的公益属性,使得企业或相关组织出于风险考虑,会不愿参与投入农业科技成果转化与推广工作。农业科技成果的转化与推广要达到社会最优水平,就要在发挥市场机制的作用下依靠政府的行政手段进行强力实施。因此,应构建一个从上到下完整的农业科技成果转化与推广体系,形成以省级科技厅为指挥,各市局科技局为枢纽系统,以各县区科级事业单位为纽带的推广体系。需要注意的是,该体系的管理应参照行政事业单位的管理模式,构建农业科技成果转化与共享机制,确保农业科技支撑体系的作用得以充分发挥。

第二章　新型农业经营体系的组织创新

农业经济组织的特殊性源于农业经营的产业特性、资产与产权特性、自然生态的区域特性以及人文社区环境特性。加快构建新型农业经营体系，对新型农业经营体系及时进行创新也是必不可少的。

第一节　农业经济组织的特性分析

一、农业性质及其组织制度含义

农业活动最原本的特点，是通过利用有构造的生命自然力进而利用其他自然力的活动。任何其他自然力的利用方式和利用程度，都要受到生命自然力构造的支配、限制和约束。例如，农产品是不可间断的生命连续过程的结果；农业活动有严格的季节性和明显的地域性；农业土壤及肥力的有限性；耕地的可分性；自然影响的不确定性；农产品的鲜活性及上市的时间集中性；农业活动的综合性与多样性等。这些特点的综合无疑对农业经济组织提出了独特的要求。

（一）农业经济组织具有一定的分散性

由于农作物的生长严格依赖于水、土、光、热等立地条件，受到时空条件的严格约束，这种区域多样化的经营不可能由某个集中组织来承担，而必须由与经营规模相匹配的多样化组织来分散经营，以"因地制宜"。

（二）农业经济组织具有良好的灵活性

由于农业活动是通过利用有构造的生命自然力进而利用其他自然力的活动，这就意味着农业活动是一种以生命适应生命的复杂过程，并且这一不容间断的生命连续过程所发出的信息不但流量极大，而且极不规则，从而导致对农业的人工调节活动无法程序化。与之不同的是，工业生产的可控程度极高，其生产过程中的信息相对比较规则，且信息的发生、传递、接收和处理通常是程序化的。因此，在工业活动中，等级组织的运营可以根据权威的指令而进行。但农业活动的主体必须根据生物需要的指令来做出有效反应，而且由于生命的不可逆性所内含的极强时

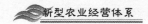

间性或生命节律,决定了农业组织要比工业组织更具有反应的灵敏性与行动的灵活性。

（三）农业经济组织必须具有良好的约束机制

农业作为"没有围墙的工厂",在资源使用、产权交易等方面具有外部经济性。由于农业生产场所是没有围墙的开放式作业,不能像工厂、商店那样可以把自己的生产资料、工艺流程、生产成果锁起来进行封闭式保护,因此农业工艺的保密性极差,极易被人模仿,对于生产成果的偷盗、侵权占用防不胜防。这意味着农业经营中的搭便车行为与寻租行为极易发生,因而产权保护的费用十分高昂。所以,农业的外部性特征要求农业经营组织必须具有良好的约束机制,要求在产权的界定与实施上具有更为显著的集体行动激励。

（四）农业经济组织应具有良好的隐性激励机制

由于工业生产的可控性高,并可在严密分工基础上实行大规模机械性协作,因此,它可以通过集中化、标准化、专业化、规格化等方式进行组织,并在此基础上比较准确地进行劳动计量,相应的监督成本较低。相对而言,农业活动的综合性使得它难以与生产的标准化、规格化、定量化相适应,同时也难以形成功能、职责明确的专业化分工,由此导致劳动考核和报酬的计量难以做到精确。高昂的监督成本表明,如果说工业组织较好地依赖于显性激励机制的话,农业组织则更多地依赖于隐性激励机制。

（五）农业经营组织应提供稳定预期与化解不确定性的风险机制

工业活动遇到的经营风险几乎都来自社会经济领域,面临的主要是市场风险,然而,它却可以凭借生产过程的可控性来对付或减弱风险。然而农业活动的连续性、长周期性,使得农业经营的预期结果的稳定性大受影响。

首先,农业生产活动的连续性决定于物种的生长周期。

其次,土壤特性同作物生长周期以及倒茬轮作之间,存在复杂的有机关联,这表明农业活动的连续性不仅表现在一个生产周期之内,还体现在各个自然周期之间。

最后,改良土壤、良种繁育、农田基本建设以及建立良好的农业生态环境,往往要更长时间的稳定预期。这些说明,农业经营组织相对来说,要比工业组织更具长远的稳定预期保障,否则极易导致行为短期化。

不仅如此,农业的连续性还与市场风险相伴随。农业的季节性与生产连续性,使其无法在一个生产周期之中通过控制来达到扩大或压缩生产规模的目的,并且其产品的可贮存性差,这些特征使农业成为一种"冒险事业"。而一般来说,通常在风险大的活动中,经营预期往往比较短。这要求农业经营组织不仅要提供良好的稳定预期,而且还应具备化解不确定性的风险机制。

综上所述,可以认为农业的特性不仅对农业的经营方式的选择做出了严格约束,而且其所隐含的制度含义,从根本上决定了农业经济组织的特殊性。

二、农业经济组织的特性

(一)多样性

1. 产权制度安排的多样性

巴泽尔(1989)发展了一种产权分析方法(产权模型)。他通过资产属性及其产权安排的效率分析,揭示了"公共领域"概念,从而发现了经济组织的必要性及其性质。

巴泽尔的重要贡献是发现了"公共领域"的普遍性,并从一个独特的角度说明经济组织存在的基本事实。但他却未能进一步解释经济组织为何会以不同的方式存在,组织制度为什么表现出多样性。

一种资产的属性,可以通过使用权、收益权和转让权的分解进行产权界定。产权的可分性意味着在存在交易条件下构成产权的全部权利可以通过空间和时间上的分割进行多种构造。然而,产权的可分性还意味着同一产权结构内并存着多种权利,如果权利界定不清、缺乏约束与保护,就会造成相互间的侵蚀,导致产权残缺,由此产生的外部性及机会主义行为泛滥就会引发资源配置的低效率。

所以,产权的有效安排要求产权的充分界定,而对有些资产而言,产权的完整界定面临极高的交易成本。这里我们将交易成本定义为与界定、保护、获取和转让产权有关的成本。只要交易费用不为零,产权就不可能被完整界定。有些资产的属性,要进行测量和评价,其成本极大,它在交易过程中往往会构成公共财产(或公共物品)问题。这意味着,不同的资产,因其属性的复杂性不同,往往会形成不同的产权类型,进而形成不同的经济组织。

(1)在农业中,耕地是十分重要的资产。

基于农业活动的连续性与长周期性,耕地产权很难从时间上进行充分界定。比如,一个对耕地承包使用一年的农户,往往会最大限度耗用土壤地力,且对肥力的测量与监督的成本又十分高昂。对于一片生长期为 20 年的林地来说,若将承包使用期从时间上分解为 5 年或 10 年,那么它几乎不可能为农户提供稳定预期与投资激励,只能导致机会主义动机与短期行为。然而,农地在空间上的产权界定则相对具有比较优势,农地的可分性强,从连片的几十亩到小块的几分地,可以进行较为清晰的产权界定。正是因为如此,农地制度从集体产权制度到私人产权制度,可以存在多种组织形式。当度量费用(比如劳动质量度量与成果计量)上升时,高效率的组织会取代低效率的组织(所以我们看到家庭经营组织取代了人民公社组织)。

(2)水利设施因其可分性不同也会形成不同的产权安排。

一般来说,大型排灌工程由于它的公共物品性,使得其使用与受益上的排他性成本极高,所以往往被置于全民所有制性质上;社区范围内受益的水利设施,因其俱乐部产品性质,因而往往被置于集体所有制框架内,由社区集体经济组织提供(单个农户不可能提供这样的服务)。而小型水井因其可分性,则可由农户自己提供。

(3)在农业机械的投资上,农业的结节性会形成不同的产权安排。

一方面,由于农地的分散性及小块经营,大型机械设备往往难以与之匹配,而且考虑到农业的季节性,其时间上的利用率也十分低下。另一方面由于大型机械的不可分性及其投资门槛较高,需要将其置于集体产权之下,当这样的集体经营组织存在显著效率缺陷时,农户就会进行自我服务。尽管农户资产投资集中于小型拖拉机和柴油机也面临使用效率低下的问题,但却可以大大降低交易费用。

为什么农户单家独户购置农机设备而不是几户联合购置或者由集体经济组织出面购置呢?问题就在于一旦这样做,就将这些资产置于"俱乐部公共物品"之中了,从而极易导致过度使用与保养维修不足,以至大大减低使用寿命。

另一种可能途径是由专业组织提供机械服务,但这类组织面临的最大难题是服务质量的测量与交易中的谈判费用。

由此可见,在提供灌溉、机耕、机种、收割、脱粒等各项服务中,可由农户组织进行自我服务、专业性组织提供专业服务、集体组织提供统一服务,从而表现出服务组织的多样性。而在一个特定的条件下到底采用何种组织,则取决于各种组织的相对比较优势。

(4)农业科技或技术创新的成果往往难以由农户自己提供。

这不是从研究能力上讲,而是对农业科技成果的产权性质而言。由于农业生产场所的开放性与公开性,一个农户一旦采用新的耕种技术,极易被周围的农户所模仿,从而具有显著的外部性。比如,新的种子种植后在成熟期极易被偷窃,所以农业研究与推广往往需要公共组织来提供(考虑到研究推广的投资风险更是如此)。

基于上述理由,可以认为资产的可分性强弱、资产属性的度量难易,将决定产权制度的不同安排与不同经济组织的选择。一般来说,资产的可分性越强,越倾向于私人产权与私人组织;资产属性的度量成本越低,越适宜于个人所有与个体组织。

2.组织规模多样性

由于农业生产的连续性,所以从播种到收割的整个生产周期都成了"核心技术"。再考虑到农业的特性及其资产属性,农业中分工的空间是极为有限的。因此,在农业生产中,交易活动大都被置于组织内部,对于小规模的家庭经营来讲就更是如此。所以播种、插秧、施肥、除草、防虫、灌溉以及收割等多种农艺活动往往不是通过专业化分工,而是综合的、纵向一体化的。如果说插秧和收割在一定程度上可以通过专业服务组织进行外部交易的话,那么其他农艺活动因其计量困难也难以进行市场分工。

由于农艺活动分工面临极高的交易费用,所以农业生产倾向于内部交易或纵向一体化。随着农业机械化程度的提高,农业活动的工艺被更多的可行的机械操作之后,机械的标准化与规格化作业会使得组织内部的计量与监督成本降低,则有利于扩大组织规模。

图2-1即表达了上述思想。在手工劳动下,农业活动更适合家庭经营组织这类小规模纵向一体化(图中的 Q_1)。而在农业机械化条件下,一体化组织规模则会扩展为 Q_2。然而,农业劳动由机械替代的空间毕竟有限,因此 Q_2 扩展的余地也是有限的。

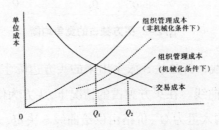

图2-1　农业组织规模的多样性

3. 运销组织的多样性

在农业经营活动中,有三个因素使得运销的重要性显著提高。

第一,商品化水平的提高与农业剩余的显著增长,使农产品的市场供给扩大,而城市化进程则为农产品市场规模的扩张提供了刺激。

第二,收入的增加引起了诸如水果、蔬菜、牛奶以及其他畜禽产品的需求上升,而农产品的鲜活性与易腐烂特性,对农产品运销提出了更高要求。

第三,收入的提高所增加的运销服务要求,要比农产品本身具有更大的需求弹性。这表明,在农业经营活动中,经营成本的高低在一定程度上取决于生产成本,但随着市场规模的扩大,更取决于交易成本。

在缺乏分工的前提下,单个农户很难完成从种植生产到市场销售的全部过程,一个可选择的方式是组建专业运销组织,以完成从货源组织到零售的经营过程,避免中间利益的流失。这显然要求建立相关的合作组织。

都市近郊和远离市场的生产者具有不同的立地条件。近郊农户靠近市场,信息灵敏,交通方便,宜于采取个体运销组织形式。远隔市场的生产者则有两种方式:一是直接进入市场,二是出售给运销商。前者面临极高的交易费用,而后者是主要的交易形式。然而,农户将产品出售给运销商,却面临较高的谈判费用。因为进入农村社区的运销商具有信息优势,并且是多个农户面对少数运销商(小数谈判),所以是一种买方独占或寡占的竞争型交易,从而使农户处于不利的谈判地位,如图2-2所示。

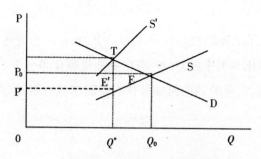

图 2-2 买方独占的竞争均衡

S是产地的供给曲线,S'是从S派生出来的买方边际生产成本曲线,D为买方即运销商的边际收入曲线。在买方独占的情况下,买方为使自己利润最大化,会在T点达到均衡,从而购入量为Q^*,价格由供给曲线S决定,为P^*。

一般地,当 P_0 与 P^* 的差额达到这样的水平,以至生产者联合起来形成共同销售组织,在扣除组织成本后仍有利可图时,农户就会组织起来进行市场交易。

（二）社区性

农业经济组织除了因产业性质所决定的特殊性外,其特殊性还来源于另一个重要的方面,那就是社区性。

社区是由居住在一个特定地域内的家庭建立的一种社会文化体系。农村社区是相对于城市社区而言的。农村社区除具有社区的一般特性外,还具有下述特点:其一,居民从事的职业主要是农业,从而具有特殊的业缘性;其二,人口密度低,居住相对分散,流动性小,从而表现出一定的封闭性与内向性;其三,自然环境对农村社区的直接支配作用较强,经济活动具有地域性,人际关系具有地缘性;其四,家庭是农村社区的中心,因而表现出血缘性与亲缘性;其五,强烈的乡土观念与认同感。

农村社区及其特征,对农业经济组织的性质具有怎样的影响呢？我们主要从业缘、亲缘与地缘来进行分析。

农民在农村社区中的参与行为或表现其间的社区交易方式,主要是业缘、亲缘与地缘三种形式。而以业缘群体、亲缘群体与地缘群体所表现的集体行动方式,则对农业经济组织具有重要影响,这也决定了农业经济组织的特殊性。

1. 业缘关系

业缘是指人们根据一定的职业活动形成的特定关系,所以业缘关系是建立在职业或分工分业基础之上的。市场规模的扩大、分工水平及其专业化发展,会导致业缘交往的扩大。

业缘交往的扩大表现为几个方面。

第一,市场获利机会的增多,市场交易的机会与频率加大,使农户间的经济交往关系越来越密切。

第二,交往范围扩大。本社区解决不了的问题就到集市上去寻找答案,农民相互问解答不了的难题就去请教专业技术人员。

第三,就业机会的增加使农民职业分化加快,从而业缘交往得到发展。

第四,农村劳动力外流则拓宽了农民的社会交往。在传统农业社会,农民的业缘交往主要表现为集市参与;在非农产业发展的条件下,农民的业缘交往不仅表现为集市参与,还表现为分工参与、职业参与以及更广泛的商业参与。

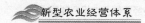

业缘关系的扩大突破了农村社区的封闭性;农村社会由土地维系到经济活动维系的转变,使亲缘关系与地缘关系的壁垒正被冲破,从而推动了产业经济组织的发展;农民的社会交往由于业缘关系的扩展使之开始由伦理型交往向法理型交往转变。

2. 亲缘关系

亲缘是指包括血缘和姻缘在内的社会关系。亲缘群体的主要形式是家族和亲族。在人民公社时期,亲缘群体的经济功能基本消失,但在家庭经营条件下,亲缘关系的经济功能大大加强,成为农户互助合作的重要纽带。表 2-1 说明,第一,亲属家庭在农业生产和工副业生产方面的合作倾向均比非亲属家庭合作要高;第二,亲属家庭在非农领域中合作相对比农业领域中的合作有所下降。如果说农业生产能够强化亲属关系的话,非农生产则有弱化亲属关系的趋势。

表 2-1 各类家庭在农业及工副业生产中的合作情况

合作类型合作领域	亲属家庭之间		非亲属家庭之间	
	合作对数	百分比（%）	合作对数	百分比（%）
购置牲畜农具	168	73.7	60	26.3
工副业生产	27	57.4	20	42.6

总体上来讲,农民经济自组织倾向于亲属关系,这与亲缘之间的相互信任与忠诚有关。亲属关系在农民经济自组织中表现出独特的作用。

（1）亲属关系是一种重要而可靠的农民组织资源。

（2）亲属之间的情感认同与相互信任,大大降低了合作的谈判成本,易于达成合作契约。

（3）亲属之间的密切交往,使相互间信息较为对称,降低了合作对象的搜寻成本。

（4）亲属关系所形成的文化氛围大大激励了声誉效应,从而在多次博弈预期下会降低合作的实施与监督费用。

（5）亲属关系还会为亲属间的合作成功提供一种保障机制。

因为亲缘关系是通过长期"串亲戚"的"投资"活动来维系的,一旦合作一方试图采用机会主义行为时,被侵害的一方可能退出与之建立的亲缘关系。一方面,行动一方不仅会支付高昂的沉没成本（维系亲缘的投资）;另一方面还会降低其在亲缘群体中的声誉,这种被"挤出"的机会成本无疑构成了重要的约束机制,从而为亲缘间的合作提供了保障。

因此,亲缘群体在农业经济组织中往往会构成制度安排中的第一行动集团。

当然,在非农业生产中,由于其活动区域的开放性与交易的广泛性,所以亲缘关系在其中的重要性相对有所降低(但仍占主导地位)。之所以在工副业生产中非亲属家庭之间的合作会较农业中的合作要高,原因在于:第一,市场行为更倾向利益尺度,感情因素受到排斥;第二,亲缘之外的合作互补性强,更能发挥比较优势;第三,商业行为容易冲击感情,为避免损伤亲缘关系,而选择外部人进行交易;第四,非农生产的开放性在打破社区封闭性锁定的同时也扩大了合作对象的选择机会。

3. 地缘关系

地缘是亲缘的补充,是亲缘在地域上的投影,因而地缘是一种天赋性的人际关系。在传统农村社区,农户结邻而居,因而在区际相互隔离或相对封闭的条件下,邻里间的相互交往就构成了地域群体参与的主要形式。地域群体是指在以村落为边界的区域基础上形成的群体。在经济组织上,亲缘关系更多体现为亲族群体内的互助合作,有利于互助组、换工队、帮工队等小型组织形式的形成;而地缘关系则有利于合作社、农协、农会等正规组织的形成。

地缘是一种社区,它不但意味着同一地理范畴,而且要求超越亲缘关系的团体感情,有对社区存在和社区身份的内在认同。

地缘参与不仅是满足农户社会交往和情感交流需求的重要形式,而且也是农业经济组织构建的重要组织资源。这种资源的经济有效性表现在:其一,长期的高频率的互动(所谓"低头不见抬头见"),不仅增进了认同感,降低了达成一致行动的交易成本;而且相互了解使信息较对称,也可节约合作行动中的组织成本。其二,对环境与获得机会的共同感知,长期博弈、学习形成的地域文化,可以强化地缘感作为意识形态的制度性功用。其三,地缘关系是农户获取外部信息的一种重要节约机制。

4. 社区性与农业经济组织

费孝通在20世纪40年代分析中国农村社会关系时,曾指出中国农村的社会关系是"……自我主义,一切价值是以'己'作为中心的主义"。以"己"为中心,像石子一样投入水中,和别人所连接成的社会关系,不像团体中的分子一般在一个平面上的,而是像水的波纹一般一圈圈地推出去,舆论愈推愈远,人情也愈推愈薄。[①] 这就构成了所谓的"差序格局"。

农业经济组织的发育也呈现明显的差序格局,如图 2-3 所示。从社会参与行为来讲,是以农户为中心,沿亲缘、地缘、业缘三层波轮外推的差序格局。

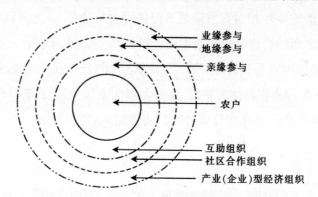

图 2-3　农户参与行为及农业经济组织的差序格局

由亲缘参与构成的互助组织,既满足了农户的社会参与需要与归属感,而且在缺乏社会保障制度的条件下,构建了农户抵抗不确定性与风险的安全机制,其组织功能具有救济性与复合性。

亲缘集团与地缘集团所内含的伦理交往规则,可以有效发挥非正式制度的制度性功能。

在图 2-3 中,由中心向外,农户的参与行为越来越单一,进入退出的选择空间更大,经济功利作用越发增强,组织目标也越发明确。

从图 2-3 中的圆心向外,组织封闭走向开放,组织的经济效率提高(基于分工),组织的社区稳定性则下降,但契约的完整性增强;组织自律性下降,他律性上升。

笔者认为,亲缘关系与地缘关系是农业经济组织发育不足的重要补充形式。

(三)可过渡性

一个制度安排的过渡性质,主要由两个方面标识:一方面,它是衔接两种不同制度安排的中介形态;另一方面,在它的规则中有一种性质,使得它的运行和发展会在较短的时间内导致对它自身的否定。

如果说家庭经营制度解决了农业劳动中的监督与计量问题,从而有效地节省

① 费孝通. 乡土中国 [M]. 上海:三联书店,1985.

了内部组织管理成本,那么随着农业商品化水平的提高与交易规模(活动)的增加,这一制度面临着越来越高的交易费用。所以家庭经营可以解决农业中的生产问题,却无法解决市场问题。因此,农户在生产的同时从事农产品销售,无疑具有制度安排的可过渡性。

首先,农户获得的产品处置权(自由销售)及其收益权,无疑是计划体制下统购制度的重大变迁,但因其弱小的谈判能力、信息劣势等方面造成的高昂市场交易费用,使之具有创新潜力。所以农户自营产品是统购制度向专业性营销制度之间的一种过渡性制度安排。

其次,在改革初期,农产品短缺与农产品的需求高涨,加之农户产品的较少剩余,所以处于卖方市场的农户较易出清手中的产品,但农业的迅速增长,很快使农产品出现了"卖难"情况,从而很快导致对农户自营产品的有效性的否定。

事实上,从农户角度来讲,农产品运销可以有多种过渡形式。如"产地专业市场(批发市场)+农户","农户+专业(合作)运销组织","公司+农户"等。

"产地批发市场+农户"是较为典型的市场交易型组织制度安排。

"专业运销组织+农户"与"公司+农户",可以是"个人分包制",也可以是"个人聚集体制",还可以是"内部分包体制"。

第二节　资产专用性、专业化生产与农户的市场风险

经济学的分工理论只注意了分工和专业化在提高经济效率方面的作用,却忽略了专业化生产由于资产专用性的增强而带来的交易费用的增加。实行家庭承包制改革以后,我国农业生产的主要特征是农户家庭作为经营的主体——自主生产、自负盈亏、自担风险。这种农户家庭经营的市场交易特征和农业的产业特性共同决定了农户的专业化生产将难以抵御巨大的市场风险。

一、资产专用性与农户专业化的生产风险生成

市场风险是指在市场交易过程中由于市场各因素的不确定性而导致的经济损失。农业生产经营的市场风险是指农户生产出来的农产品能否顺利地卖出去,并获得经济收益的不确定性,是农户在遭遇市场变化或产品不对路而造成经济损失的可能性。

资产专用性是威廉姆森提出的用与衡量交易费用大小的主要维度之一。他定义的资产专用性是"在不牺牲其价值的条件下,资产可用于不同用途和由不同使用者利用的程度",资产专用性、不确定性和交易频率共同衡量一项交易的交易费用大小,同时根据这三个维度又可把交易划分为不同的类型并采用相应的治理机制进行规制。在其他条件不变的情况下,随着资产专用性的提高,事后被要挟的可能性越大,用市场来组织生产的交易费用会越来越高。资产专用性还与来源于机会主义行为的不确定性联系在一起,在资产专用性不可忽视的情况下,不确定性越强,交易过程中产生阻滞的可能性就越大,交易费用就越高,分工与专业化也就越困难。

在实行农业产业化经营的农户虽实现了农业的规模化生产,但却增强了其资产专用性程度,从而加大了农户进入市场交易的交易费用,令其面临较大的不确定性和市场风险。农户的专业化生产的资产专用性程度可以从以下几方面来考虑。

（一）组织化程度决定的协同专用性

一般认为,为了降低高资产专用性带来的高交易成本,可以采用以"一体化组织形式替代市场组织形式",也就是说一体化包含了企业独有的资产专用性。从技术特征看,一体化产品具有协同专业性,即一体化产品是由零部件的相互连接及其功能的相互配合决定的。对农产品而言,协同专用性应指的是农产品价值是由具有功能互补的组织相互配合生产经营决定。

而目前经营分散的农业生产者进入市场时,由于信息的不对称,将缺乏必要的信息来源和交流。同时,由于信息的收集需要成本,若该成本的付出不能带来收入的提高,农民对信息的搜集就缺乏动力。加之农产品的市场信息具有非排他性、非竞争性以及外部性的特点,理性的农户都想搭乘他人的"便车",因而造成"集体行动的逻辑"。若政府又没有提供相应的农业信息化服务和指导,农户在面对复杂的市场变化时,所掌握的信息将严重不足。与分散经营的农户相比,专业市场上农产品的买方大都具有较高的素质和相当的组织化程度,而农户相互间因竞争而排斥或缺乏合作,因此,具有协同专用性的单个生产农户在交易中将完全依赖于买方,导致专业农产品市场具有买方垄断的性质。再加上单个农户的市场开拓能力有限,建立地域品牌又具有很强的正外部性,单个农户无力也无心去创建名牌以扭转买方垄断的市场局面。因此,他们会分散在市场交易中,始终处于不利的谈判地位,只能作为市场价格的接受者,独自承担市场风险。较低的组织化程度,使得具有协同专用性的专业化生产农户处于交易的被动一方而蒙受损失。因此,实行了专业化大规模生产的农户若不能很好地组织起来,仍难以抵御巨大的市场风险。

（二）农业生产特性和农产品供需弹性决定的瞬时专用性

威廉姆森于1991年拓展了资产专用性内容,他将必须在特定时间使用的专用性资产定义为瞬时专用性,也称为时间专用性资产。农业生产的对象是有生命的动物、植物和微生物等,动植物生长发育的周期性决定了农业生产的周期性。市场调节是通过价格与供求的相互作用来实现的,现行的市场价格总是反映现时的市场供求状况。农民即便是根据现行的市场价格调整种植结构和生产规模,因为农业生产周期长的特点,根据"蛛网理论",农产品需求是现期价格的函数,而农产品供给则是上期价格的函数,即现期供不应求引起的高价格诱导下期的多供给量,多供给量导致价格下降,供过于求引起的低价格又诱导再下期的少供给量,少供给量又导致价格上升,一直不断地循环下去。这样农户的生产决策总是根据上期价格信息做出的,加上农产品鲜活易腐,最终加剧了农产品周期性的瞬时专用性与市场需求持续性之间的矛盾。

同时,农产品作为生活必需品,其需求弹性较小,农产品的价格降低或者消费者的收入提高对农产品的需求量都不会产生很大的影响。农产品的供给在一个生产周期内几乎为零,农户只能等到一个生产周期结束的时候,才能再做出生产决策。而专业户由于种植规模的扩大,一次性收获的产品数量将更多,如不能对农产品进行加工再生产使其存贮期相应延长的话,与小规模经营的农户相比,他们将面临更强的瞬时专用性,专业化进一步降低了其改变生产结构、改变产品瞬时专用性以适应市场的灵活性的能力,因此在面对市场价格波动时,遭受经济损失的可能性更大,进而加大了农产品的市场风险。

（三）专业化农业技术决定的人力资产专用性

在传统的家庭小规模经营的情况下,一家农户不仅仅从事农业,可能还从事其他副业或者季节性地外出打工;单个农民不仅从事田间的生产,还要从事农产品的销售等工作,因此农业劳动力的专业化程度低。但在实行了农业大规模的专业化生产经营以后,农民变为专业化生产者。为了更好地提高生产效率,他会更专一地学习与他所从事的劳动直接相关的知识与经验,同时也会花更多的时间在这一产业上。一旦他遭受了市场重创之后想再转行,他在这一方面的专业知识和经验又会成为阻碍其发展的因素。因此,与传统的家庭小规模经营相比,实行了专业化

生产的农业劳动力有更强的资产专用性,从而在调整农业种植结构和改变生产经营方向时,后者的转变更加困难。

（四）规模化专业生产决定的实物资产专用性

农户经营的耕地面积越大,农业生产经营规模越大,越有利于农业生产性投资发挥规模效应,越需要增加农业生产性投资。刘荣茂等通过实证计量模型证明了家庭耕地面积每增加 1 亩,农户进行投资的可能性会增加 25％ ; 同时,农户的固定资产存量也与农户的现期生产性投资呈正相关关系。这就说明了随着农户生产经营规模的扩大,一方面要求一定的生产性投资与之适应 ; 另一方面,这一扩大了的固定资产存量又会引导农户进一步加大投资力度。从而使专业化生产的农户的物质资产的专用性进一步加强。

（五）产品的可标准化程度决定的品牌专用性

品牌专用性或叫名牌资产专用性,是指一旦形成品牌,要再建立一个新的品牌将有相当难度,且之前的品牌越响,再建立新品牌的难度就越大。尤其当一个品牌的核心价值仅仅是一种具体产品实体,而非产品的质量、美誉度等无形资产时。而产品的可标准化程度将决定品牌的核心价值取向,当产品的可标准化程度弱时,产品更易率先形成以产品实体知名度为核心,而非产品的质量、美誉度等无形资产为核心的品牌专用性。

农户的专业化生产面临相对较高的资产专用性程度,从而比传统的农户小规模经营面临更大市场交易费用。这些交易费用的存在,加大了农户进入市场交易的不确定性和市场风险。

（六）单一农产品决定的销售性资产专用性

农产品的销售性资产专用性主要表现在销售人力资本专用性与销售物质资本专用性上。人力资本专用性必定建立在对专业销售知识的较高程度的系统掌握之上,与传统的小规模经营相比,以大规模专业化生产的农户为交易对象的销售方,一次性需销售的单一产品数量多,必须有一定的储存保鲜等专业知识。同时由于有的农产品分级、包装需要设计专门的流水线,有的需要建造特别的储藏室,农产品销售也可能进行相关的物质投资,这显然又进一步增强了物质资产的专用性。一旦转销其他产品,这些高昂的人力及物质投资将会损失。因此,已在生产领域进行了专用性投资的生产专业户进行销售投资的积极性不足,更愿意以外包等形式销售产品,降低风险。

二、资产专用性对农户专业化生产市场风险的影响

不同规模、不同组织形式的生产专业户的专用性资产结构千差万别,如何理解具有不同资产专用性程度下生产专业户的市场风险问题?交易成本经济学家认为,资产专用性决定企业边界。由此,企业的资产专用性不同,对农户专业化生产的市场风险的影响程度也会不同,具体表现如下。

（一）瞬时资产专用性与销售性资产专用性对农户专业化生产市场风险的影响

低度的瞬时资产专用性对销售的物质装备及技术要求一般会相应较低,此时会存在两种情况:一种情况是,生产方与销售方的资产专用性都较低时,农产品产销双方的依赖程度就会较低。此时,无论是农产品的生产方还是销售方,都倾向于采用短期的机会主义行为,生产专业户无法获得稳定预期,农户专业化生产市场风险较大。另一种情况是,生产方资产专用性较强,而销售方资产专用性较弱,此时,生产方常处于被动的地位。为此,生产方多通过"订单农业"等契约的形式,化解可能被"套牢"的风险。

高度的瞬时资产专用性情况下,当市场需求半径较大时,就需要增强销售性专用资产投资,此时也会存在两种情况:第一,生产方与销售方的资产专用性都较高,此时,产销双方的依赖性都很强,任何一方奉行机会主义,都会使对方蒙受重大的沉没成本。而且,对专业化程度较强的地区来说,这种风险还可能会演变为区域性、系统性的风险。第二,生产方资产专用性较低,而销售方的资产专用性较高。此时,销售方对生产方的依赖很大,因此销售方一般不会贸然增加自己专用性资产的投资。

（二）实物资产专用性与人力资产专用性对农户专业化生产市场风险的影响

从技术的角度看,产品有简单的,也有复杂的,农产品也是一样,农产品技术越简单,所包含的资产专用性就越弱。当实物资产专用性与人力资产专用性都较弱时,以香蕉的生产为例,其所需的实物资产较少,只要水、肥充足,基本可以有稳定的预期产量。香蕉的整个生产过程,其技术操作有明显的阶段性特征,相关知识较易被掌握。因此,行业的进入门槛较低,对投资规模的要求也不高。这一资产专用性特点决定,对小规模生产的农户而言,较弱的实物资产专用性与人力资产专用性决定的规制结构为新古典型契约关系,这也就意味着农户专业化生产市场风险将完全由农户独自承担。

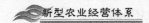

当生产专业户经营达到一定规模时,至少生产专业户对专用地点投入较多时,专业户为了保障增强的实物资产专用性带来的经营风险,会相应增强人力资产专用性的投资,如加强专业培训,与高校、科研院所合作获得技术支持等。不断增强的实物资产专用性与人力资产专用性将决定经济组织规制结构为三方规制结构、双方规制结构,甚至是一体化组织,这也就意味着农户专业化生产市场风险将可能由不同的利益主体分担。

(三)协同专用性与品牌专用性对农户专业化生产市场风险的影响

由于农产品的同质性较强,对同一类商品,质量难以鉴别,因此农产品的协同专用性及品牌专用性都受到技术水平的限制。从产品技术含量看,协同专用性与品牌专用性主要可以分为两种情况:第一,当农产品技术含量及附加值都较低时,农产品的可替代性会很强,其协同专用性与品牌专用性也就会很弱,较弱的协同专用性使农户面临激烈的产品竞争市场,而较弱的品牌专用性决定农户无法获得声誉垄断租金。此时,生产专业户无力进行购销等各种利益关系专用性投资,较低的交易频率决定生产专业户面临较高的市场风险。第二,农产品的技术含量及附加值都较高时,如农产品在种植技术上已符合无公害或绿色食品等质量认定标准,或农产品在从生产专业户手中进入流通领域前,生产活动不仅仅局限于流通领域的简单的分类、冷冻与冷藏,还可能会有专业化的物流方参与农产品初加工、分拣配送、市场信息传递等活动。

在这种情况下,一方面,分工深化决定了农户专业化生产的协同专业性增强,而具有较高产品附加值的农产品,不仅可以通过生产地进行产品知名度的宣传,还可以通过特定品牌进行产品质量、信誉的展示,使生产专业户抗风险能力增强。另一方面,企业的赢利能力越强,企业维护声誉的积极性越强。因此,无论是对生产品牌还是对销售贴牌而言,农产品附加值的高低决定品牌专用性的程度。同时,品牌专用性高低也进一步影响着农产品的附加值,而产品较强的赢利能力会吸引利益链各方主体增强协同专业性投资,在分享利润的同时还可以分担风险。

三、农户专业化生产市场风险的化解

一般地,农业生产专业户都会面对双重现实:一方面,是相对传统农户来说,农户专业化生产的高资产专用性带来的高市场交易费用;另一方面,是不同农业生产专业户个体的资产专用性程度的差异性,决定其抵御市场风险和不确定性的

不同能力。要化解农户专业化生产的市场风险,必须根据农业生产专业户个体的资产专用性特征进行创新。

（一）农业专业化生产改革的基本思路

对于实物资产专用性与人力资产专用性、生产方与销售方的资产专用性或者协同专用性与品牌专用性都较低的农业生产专业户,应致力于把分散的产品市场转变为集中的规模化市场,弱化农产品的无序竞争,强调各环节的协同专用性,通过对生产或销售专业户的扶植,对农产品批发、零售市场的培育,在减少交易的不确定性、提高交易频率的同时,促进关系专用性投资,建立产业链上各利益主体的风险分担机制。而对于高资产专用性的农业生产专业户而言,为了减少高资产专用性带来的交易费用,可以采用一体化的组织形式以代替市场交易,这一观点已得到了众多新制度经济学家的认可。且国内外大量的实践显示,农业一体化经营能在一定程度上化解农户专业化生产的市场风险。如早期山东莱阳和广东温氏的"公司 + 农户"模式,到后来"公司 + 基地 + 农户""公司 + 合作组织 + 农户"等各种形式的一体化经营都有很多成功的例子。

湛江蔗糖业的"龙头企业（湛江农垦下属的几家糖业公司）+ 基地（农户家庭农场）"的模式,采用以下做法来降低专业户的市场风险:蔗价与糖价联动、蔗价与糖分联动的"双联动"利益共享机制,还在每年开榨前专门确定一个最低保护价;提取"甘蔗风险调节基金"来"以丰补歉"。这些做法也为龙头企业争取了很高的经济效益,实现了农户与企业的"双赢"。

但不同的一体化经营形式与农产品交易特性之间具有一定程度的耦合性或适应性,一些研究专家通过总结美国 1960 ~ 1994 年间若干农产品一体化经营的特征得出:在加工蔬菜、甜菜、种子作物、肉用仔鸡、火鸡等产品经营上采用生产与销售合同形式的明显高于采用垂直一体化经营形式,而在甘蔗、蛋、新鲜蔬菜上采用垂直一体化经营形式则明显高于采用生产与销售合同形式。

（二）农业专业化生产的具体措施

1.农户进行横向一体化经营

可以把分散农户的家庭经营组织起来,允许和鼓励农户建立合作经济组织。合作经济组织较分散农户,更能获取有用的信息从而节约信息费用,减少信息的不对称,有利于对未来不确定性的预测。同时,合作经济组织与单个农户相比,能够在市场交易中形成一股强大的力量以提高农民的市场地位。而在这其中,政府应大有作为：各级政府可制定和落实相关优惠扶持政策，如对合作经济组织减免有关税收、优先安排财政贴息、提供农业政策性贷款、实行财政配套补贴等，以切实推动农户合作经济组织的发展。

2. 选择纵向一体化的经营形式

可以减少专业化生产要求的高资产专用性带来的交易费用。可由政府或专业大户牵头，组建公司。对内，公司应实行严格的质量控制，保证产品品质，创建品牌；对外，公司应扩大影响力，树立良好的企业形象和公司品牌效应。如此，成为市场价格的引导者，变买方市场为卖方市场。这样，就能很好地抵御由价格波动带来的市场风险。

第三节　新一代合作社的提出

新一代合作社，简称 NGC（New Generation Cooperatives），是美国新型合作社组织形式之一，最早产生于 20 世纪 90 年代，大部分出现在美国中西部靠北的一些州，如北达科他州和明尼苏达州。其中，最有名的是北达科他州种植者面食公司。与传统合作社相比，新一代合作社是适应现代农业纵向一体化要求而出现的组织创新，也是农业产业化经营的一种方式。它并不是一个法定的特殊组织架构，而是对传统合作社的一种创新和完善。

一、新一代合作社问题的提出

新一代合作社是对过去大约 20 年中最早出现于美国北达科他州和明尼苏达州，以后发展到相邻的其他州和加拿大的 200 多个开展农产品加工增值、实行封闭成员制（closed merebership）的合作社的称谓。[①] 特别是在 1996 年，美国艾奥瓦州的 West Liberty Plant 公司开始从投资者企业转变为新一代合作社 West Liberty Food，并逐步被后者所取代。时至今日，west Liberty Food 一直在成功地运作。

新一代合作社的产生是耐人寻味的。这正如 Cook and Chaddad 所评述，大部分新一代合作社是替代退出的投资者企业（IOF），或者从从事"小生境"市场的农产品加工企业演变而来。观察由 IOF 转变为 NGC 导致的变化，揭示其演变机理，

---

① 傅晨．"新一代合作社"：合作社制度创新的源泉 [J]．中国农村经济，2003（6）：73–80．

并试图从"制度安排的相容性"的角度阐释新一代合作社组织结构相对优势的潜在来源，是有一定的理论价值

"新一代合作社"的特征主要表现在以下几个方面。

（一）以"股资——利润"为主要取向

与传统合作社以服务为宗旨和广泛的服务内容相比，新一代合作社的一个很大不同是它经营的产品单一和加工价值取向。传统的合作社主要是满足社员的服务需求，合作社就好像是合作社社员的仓库，社员把生产的各种各样的初级农产品都交给合作社，由合作社去加工或销售。而新一代合作社通常只经营一种农产品，只接受事先与社员商定的特定数量和种类的农产品，然后进行加工和销售，使其增值，并让社员分享增值的收益

（二）以交易份额制为主要前提条件

新一代合作社的主要业务是对某一种原料农产品进行加工，使其增值，合作社根据加工能力来接受社员的原料农产品。一个农场要成为新一代合作社的社员，就须得购买合作社的原料农产品交易份额或交易权。这个交易权实际是新一代合作社与社员之间的合约，它规定了合作社与社员双方各自的权利和义务。社员必须交给合作社规定数量和质量的原料产品，合作社必须接受社员按合约规定交售的特定数量和质量的原料农产品。这种做法有效防止了传统合作社开放社员制和不限制社员交易量所导致的合作社生产规模不佳以及生产能力和供给过剩的问题。新一代合作社通常对社员个人的最高份额和最低份额有一个限制，以免合作社受个别成员的左右或控制。如果社员生产的农产品低于合同规定的份额，他必须从别处购买予以补齐。如果社员不能或不愿补齐，则由合作社购买补齐，但所有的费用由社员承担。年终，新一代合作社在扣除成本和提留后的盈余按社员的股份多少进行分配，从而实现了社员权利与资本权利的联结。

（三）以封闭社员资格为主要产权结构

新一代合作社与传统合作社的区别主要在于产权结构。新一代合作社有界定非常清楚的、封闭的社员资格政策，有社员剩余索取权的二级市场对赞助人和剩余索取者身份进行限制，并有可实施的社员事前承诺机制。而传统的合作社产权结构的特征是开放的社员资格，资本来自从赞助人那里得到的收入以及不能流动的所有权。

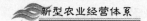

（四）突破区域限制，以全球为服务范围

传统的合作社通常是服务于周围的人，因而具有明显的地域性。而新一代合作社加工单一的原料农产品，其成员突破了地区的限制，甚至越过了国界。如美国北达科他州的一种仓鼠加工合作社，其成员大量来自与其相距甚远的佛罗里达州，甚至加拿大。

二、新一代合作社组织结构的相对优势

（一）机制健全，运行效率提高

随着经济的发展，新一代合作社的运行机制更多地借鉴了股份制企业的现代管理制度，权责明确，有助于民主管理原则的实现和商业化的运作。比如在筹资机制上，合作社普遍引入股份制公司筹集社会资本的做法，允许外来资金投资，扩大合作社的集资范围；在决策管理机制上，不再严格遵循"一人一票制"，而是实行按投资额大小分配投票权的办法，把表决权与投资额结合起来。同时，外聘专家对合作社实行专业化管理。运行机制上的灵活创新，大大提升了合作社的经营效率和竞争力。

（二）成员资格封闭性保证了合作社经营的高效益

与传统合作社社员入社自愿、退社自由的开放原则不同，新一代合作社具有封闭性。新一代合作社根据合理的经营规模确定资产总股本和接受社员的数量，并按社员持股数量确定其产品限额。社员可以退社，但不能退股，社员的股金或剩余索取权可以在内部转让，股本相对稳定，因而能够保证合作社在高效益的情况下运行，有效防止了加工能力和产品供给过剩导致的经营效益下降。

（三）开展农产品深加工业务实现垂直一体化经营

这是新一代合作社有别于传统合作社的核心特征。传统合作社往往是综合性的，向社员提供广泛的服务内容，包括产前、产中和产后的系列服务，附加价值不高，利润提升空间有限。新一代合作社经营的产品单一，更加关注专业化生产，追求农产品深加工和增加附加值。它通常只经营一种农产品，只接受事先与社员商定的特定数量和种类的农产品，然后进行加工和销售，并让社员分享增值的收益。以"投资—利润"为主要取向的新一代合作社与以为社员服务为宗旨的传统合作社相比，能带给农户更大的收益。

（四）合作社股金稳定性有利于获得银行信贷支持

由于社员数量的稳定性和股份的可交易性，使得合作社的全部股金具有永久

性。资金的永久性使得银行愿意提供条件优惠的贷款。

（五）购买交易权规定合作社与社员的权利和义务

社员要加入合作社,就须得购买合作社农产品的交易份额或交易权（deliver right）。社员的交货权取决于其投资的多少,这种交货权既是一种权利,也是一种义务。社员必须交给合作社规定数量和质量的原料产品,合作社必须接受社员按合约规定交售的特定数量和质量的原料农产品。如果交货量不足,社员须根据给合作社带来的损失大小予以补偿。同样,当市场价格低于合作社收购价格时,合作社仍以议定价收购社员的产品。新一代合作社中社员和合作社的关系契约化,权利和义务是双向的,双方的利益通过合约的形式得到保障。

三、新一代合作社对我国农业发展的启示

（一）新一代合作社有利于实现我国农业产业化经营

作为发达国家合作社发展新浪潮的产物,新一代合作社更好地适应了经济活动市场化、现代化、一体化的要求,对于构建我国合作社的制度框架和基本原则提供了前瞻性的启示,对于推动我国农村合作事业以及农业产业化经营具有特别重要的借鉴意义。

（二）新一代合作社具有其组织优势,存在其合理的生存空间

新一代合作社组织成功替代了低回报的投资者企业,并成为可持续发展的合作组织。这从经验事实层面证明了新一代合作社的效率特征及其组织结构具有相对竞争优势。从理论推理看,其组织结构的相对优势主要来源于制度安排相容性特征。与 IOF 相比,NGC 制度安排更具利益相容性、激励相容性、与非正式制度的相容性以及时间相容性。

（三）不同组织形式,在不同环境下可能并存发展,互相替代

从理论逻辑推理看,如果新一代合作社比投资者企业在同一生产领域更具效率特征,有可能取代传统的投资者企业组织形式。不过,本书对于新一代合作社组织结构的潜在优势来源的解释,是针对其特定的交易对象与交易环境而言的。不然,可以预料的结果是: 只见新一代合作社,不见投资者公司。事实上,新一代合作社组织形式的普遍性仍然存在问题。其一,从生产者的立场看,虽然可获得更高的收益（包括生产收益与加工增值收益）,但也陷入了更高的风险;其二,组织规模大小与合作社组织优势之间的问题仍有待验证。社会资本是合作组织形式成功运作的决定性因素之一,但社会资本只有在较小的组织规模内,才更具有效性。由

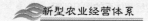

此可见,任何经济组织的制度安排都不可能是十全十美的,在不同环境下,不同的
组织形式可能并存发展、互相替代。

第三章 农村土地承包及经营权流转

发展现代农业,必须按照高产、优质、高效、生态、安全的要求,加快转变农业发展方式,推进农业科技进步和创新,加强农业物质技术装备,健全农业产业体系,提高土地产出率、资源利用率、劳动生产率,增强农业抗风险能力、国际竞争能力、可持续发展能力。农业、农村、农民问题关系党和国家事业发展全局,土地是"三农"问题的关键和核心,因此必须要稳定和完善农村基本经营制度,健全严格规范的农村土地管理制度。

第一节 农村土地承包经营权的相关理论

农村土地承包经营权,是指农村土地承包人对其依法承包的土地享有占有、使用、收益和一定处分的权利。2002 年 8 月 29 日通过的《农村土地承包法》使之趋于完善,可操作性加强。

一、农村土地相关问题研究

（一）土地的特点

1. 土地的位置具有固定性

土地最大的自然特性是地理位置的固定性,即土地位置不能互换,不能搬动。人们通常可以搬运一切物品,房屋及其他建筑物虽然移动困难,但可拆迁重建。只有土地固定在地壳上,占有一定的空间位置,无法搬动。这一特性决定了土地的有用性和适用性随着土地位置的不同而有着较大的变化,这就要求人们必须因地制宜地利用土地;同时,这一特性也决定了土地市场是一种不完全的市场,即不是实物交易意义上的市场,而只是土地产权流动的市场。

2. 土地的面积具有有限性

土地是自然的产物,人类不能创造土地。广义土地的总面积,在地球形成后就由地球表面积所决定。人类虽然能移山填海,扩展陆地;或围湖造田,增加耕地,但这仅仅是土地用途的转换,并没有增加土地面积。

3. 土地的永续利用具有相对性

土地作为一种生产要素，"只要处理得当，土地就会不断改良。"在合理使用和保护的条件下，农用土地的肥力可以不断提高，非农用土地可以反复利用，永无尽期。土地的这一自然特性，为人类合理利用和保护土地提出了客观的要求与可能。土地是一种非消耗性资源，它不会随着人们的使用而消失，相对于消耗性资源而言，土地资源在利用上具有永续性。土地利用的永续性具有两层含义：第一，作为自然的产物，它与地球共存亡，具有永不消失性；第二，作为人类的活动场所和生产资料，可以永续利用。其他的生产资料或物品，在产生过程或使用过程中会转变成另一种资料、物品，或逐渐陈旧、磨损，失去使用价值而报废。土地则不然，只要人们在使用或利用过程中注意保护它，是可以年复一年地永远使用下去的。但是，土地的这种永续利用性是相对的。只有在利用过程中维持了土地的功能，才能实现永续利用。

4. 土地的质量具有差异性

不同地域，由于地理位置及社会经济条件的差异，不仅使土地构成的诸要素（如土壤、气候、水文、地貌、植被、岩石）的自然性状不同，而且人类活动的影响也不同，从而使土地的结构和功能各异，最终表现在土地质量的差异上。

（二）我国农村土地社会保障的现状

土地在农村具有举足轻重的地位，我国传统的农村社会保障实质上就是以土地保障为核心。但是，随着市场经济的发展，土地保障作用日渐减弱，使得土地保障功能的发挥面临着许多问题。

1. 耕地质量下降

农业生产中由于破坏性生产所造成的土地退化现象触目惊心。有关资料显示，东北地区黑土地沙化和土壤变薄现象不容乐观。而农药、化肥等的不合理使用，也使得耕地板结，肥力下降，耕地污染十分严重。据统计，2006 年我国化肥使用量为 4800 万吨，但利用率不足 30%。随着城市化、工业化进程的加快，工业"三废"排放量不断增大，由此导致约有 15% 的农田受到不同程度的污染。

土地保障功能持续弱化的原因是复杂的，既有人口增长的因素，也与城市化、工业化发展有关，其中最主要的是现存农村土地法律制度的不完善。

2. 农村人均占有土地逐渐减少，人地关系不断恶化

根据国土资源部的调查，我国耕地面积持续减少，导致人地关系不断恶化，农

民占有的土地越来越少。其结果是,土地所承担的社会保障功能上升,生产资料功能下降。有些地方,由于农业经营的利益较低,土地的生产资料功能已经严重退化,并逐渐转变为单纯的保障手段。部分从事非农产业的农户,往往对土地进行粗放经营,或将土地撂荒。另外,随着工业化、城镇化的推进,部分农民必然会永久失去土地,从而彻底失去土地基本生活保障。在土地保障丧失而又无法进入城镇社会保障的情况下,失地农民将会面临保障缺位的困境。

3. 农业生产出现了投入与产出倒挂的现象

加入 WTO 后,受国际农产品市场价格的影响,我国生产的多数农产品提价空间较小,而以小规模农户分散经营为主的农业组织结构,农产品成本的增长势头却一直比较强。由此导致主要农产品的生产成本占出售价格的比重越来越大,而农产品价格持续走低。在价格、成本双重因素的夹击下,我国农业经营的绝对收益已经越来越低。有些地方的农业经营已出现亏本的现象。农村土地负担越来越重,越来越多的农民视土地为包袱。农民严重的负担问题至今没有得到明显的缓解,而土地流转价格的走低使转出户不仅不能从土地转让中获得收益,反而要倒贴给转户。

（三）当前中国农村土地存在的主要问题

1. 农村现行土地制度不完善

在家庭联产承包责任制以后,我国农村土地制度实现了"三权分离",即所有权、承包权与经营权分离。从国家宏观层面和法律角度而言,当前的产权关系基本明确,即农村土地归农民集体所有。问题的关键是产权和治权不相协调。产权是需要保护和实现的,也就是说需要治权的配合,而治理结构问题、法律体系问题等,导致了农民土地产权不能得到很好的体现。尤其在城市化、土地非农化趋势明显以后,一般意义上的产权界定已不足以解决实际的运作。

除此之外,农村土地还有一个重要的问题是,要稳定完善现有产权结构而不是推行私有制。农村土地所有权不能完全移到村民小组以上的层次,承包经营权要稳定在农户手中,长期不变,有了这个基础才能实现其他目标。

2. 农民利益与土地制度之间存在矛盾

土地具有生产功能、保障功能、资产功能、生态功能和公益功能五大功能。其中保障功能在中国是较为独特的,即土地对农民起到一定保障作用。出现对征用农民土地补偿低的现象,主要是因为对土地功能及其与农民的利益关系缺乏正确

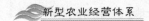

认识,因而往往是对土地的生产功能给予补偿,而对土地的保障功能、资产功能补偿过低。因此,土地的五大功能应该成为中国农村土地制度改革或者重新构造利益分配格局的一个出发点和分配基础。

3. 农村土地、城市化与农民市民化之间存在矛盾

城市化进程中必须处理好城市扩张和农民利益的关系,避免新一轮的以牺牲农民为代价的城市偏向和新的"剪刀差"现象。原来存在的主要是农产品"剪刀差",但这些年又形成了土地"剪刀差",这比农产品"剪刀差"更加危险。尽管中央在宏观上采取了严格的调控政策,但并没有从根本上解决这一问题。城市化战略应该是城市发展和农民利益的双赢。城市化应该是转移农民的市民化过程,而不是单纯的城市扩展和城市现代化。因此,必须使农地非农化、城市化与农民市民化融为一体,要把农民市民化和城市化相挂钩。

二、农村土地承包经营权的基本含义

从财产权利制度的角度看,所谓农村土地承包经营权是公民或者集体经济组织依据法律规定或者合同约定对集体所有或者国家所有由集体使用的土地所享有的占有、使用、收益的权利。土地承包经营权是伴随着我国农村改革和家庭联产承包责任制的实行而产生的,是土地占有权中最重要、最复杂和最富有争议的财产权利。作为直接关系我国农民安身立命和农村社会稳定的财产权利,土地承包经营权应该是我国涉及面最广、生命力最强的财产利用权利。农民在其承包经营的土地上进行的是直接、持续和稳定的农业生产活动,这就决定了农村土地承包经营权是一项长期占有土地并自主进行农业生产经营活动的财产权利。为了准确把握和正确理解农村土地承包经营权的含义,需要明确以下几点。

(一)农村土地承包经营权应是一种独立的物权

为了使农民的土地承包经营活动不受干预,土地权利免受侵害,赋予农民以独立的占有和利用土地的权利,法律赋予土地承包经营权独立的物权地位,使土地承包经营权人不仅能对抗一般非土地权利人,而且能对抗土地所有权人,因为独立的物权意味着土地占有人与土地所有人出于平等的法律地位,相互之间以权利义务关系作为连接的纽带。法律赋予土地承包经营权以独立的物权地位,虽然不一定能杜绝土地占有人的权利和利益不受土地所有权人以及其他人的干预和侵害,但为土地占有权人寻求法律救济提供了充分的制度保障。

（二）农村土地承包经营权的主体一般是农业生产者，其标的物（客体）是农村集体所有的土地

农村土地承包经营权的主体一般情况下是从事农业生产活动的公民或集体，其他从事非农业生产活动的公民或集体不能成为农村土地承包经营权的主体。但是，随着农村经济的发展和农村改革的不断深入，土地承包经营权的主体已不限于本社区集体组织的成员，而是扩大到一切从事农业生产活动的公民或集体。农村土地承包经营权与城镇国有土地使用权一样，标的物都是土地。归属和利用二元农村土地权利制度下的农村土地承包经营权，其占有的标的物是他人的土地，即集体所有或国家所有依法由农民集体使用的耕地、林地、草地，以及其他依法用于农业的土地。

（三）土地承包经营权必须体现社会公共利益

任何民事权利都是建立在一定的客体之上的，有些客体并非仅涉及私法，民法以外的因素在影响客体的同时，也会对民事权利本身产生深刻的甚至是决定性的影响。我国的农村土地无疑就是这样一种客体。土地所有权人不得自由转让其所享有的土地所有权，其原因并不仅因为我国实行土地公有制，更因为土地这一不可再生的稀缺资源所承载的社会义务和社会责任。我国以世界7%的耕地养活着世界21%的巨大人口，在有限的土地上如何生产出十几亿人所需要的粮食和其他农产品，是中国社会生存和发展的最基本的问题。土地分到一家一户，实行承包经营，生产可以由农户进行，但是，珍惜每一寸土地，合理持续利用有限的土地资源，始终是我国的基本国策和土地政策的根本，是中国社会的共同利益所在。因此，我国实行土地用途管制，不允许农村土地所有权人和占有权人任意地利用和经营土地，这是国家和社会承认与保障农村土地民事权利的先决条件，土地承包经营权必须以一定的方式和内容体现国家和社会的共同利益。

（四）土地承包经营权应包括对土地所有权主体的特定义务

在我国，农民是以非土地所有权人的身份占有和利用农村土地，相对于农村土地所有权人，土地占有人是义务人，其所负的义务不仅是一般的对集体土地所有权的尊重，而是贯穿于占有和经营土地的整个过程之中，基于农业生产经营的特点和需要，土地承包经营权人享有广泛的占有、使用、收益和处分土地权益的权利，任何人包括土地所有权人都不得干预土地承包经营人的自主经营。但是，土地不是一般的农业生产资料，而是不可再生的稀缺的自然资源，其利用状况关系到我国农村

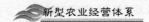

社会乃至整个国家和社会的生存与发展,因而土地承包经营权人的自主经营不是无条件的,而是必须履行相应的义务,如不得抛荒、不得掠夺式经营、不得改变土地的用途等。在转让、抵押土地承包经营权时,由于涉及土地占有人的改变,因而必须得到土地所有权人的许可,等等。这些义务与土地占有权利一起构成土地承包经营权中不可缺少的内容。换言之农村土地承包经营权是占有和经营农村土地的权利和义务的统一体,土地占有的权利和义务共同构成土地占有人与土地所有人之间的平等互利的法律关系。

（五）土地承包经营权的目的是在他人土地上从事农业活动获取收益

自罗马法以来,法律将土地的利用分为两种,即农业用地和建设用地。土地承包经营权是在集体所有的土地上从事农业生产活动获取农业收益,包括耕作、畜牧及养殖等。非以从事农业生产活动为目的而使用他人土地的,不能设立或不成立土地承包经营权。土地承包经营权人在其占有的他人土地上从事农业生产和经营活动以获取收益,这就决定了其对土地的支配不是一般意义上的占有和使用。作为一个农业生产和经营者,农村土地承包经营权人必须能够在土地上为一切农业生产经营行为,占有、使用和收益都是土地承包经营权的权能。土地上的投入和产出具有周期性、持续性等特点,因而土地承包经营权的期限不能是短期的,30年或更长的期限是农业生产稳定发展和保证土地持续利用的基本条件。

承包地在有些地方被称作"责任田",这便意味着承包经营权人在土地上的权利和义务是统一的。责任田是农民安身立命的根基,因而土地所有权人不能不将土地承包给农民;责任田也是中国人生存和发展的根本,因而,土地承包经营权人不能不善待土地,更不能将其承包的土地随意抛荒撂荒。笔者认为,随意抛荒撂荒、掠夺式使用和经营土地,以约定的方式听任土地抛荒撂荒,是对土地所有权的滥用。

综上所述,只有将土地承包经营权特定内容的性质和功能予以清晰地解释,有关立法才能全面合理地界定土地承包经营者相应的权利义务,才能进一步完善我国土地承包经营权法律制度有效保障广大承包经营者的法律权益。

三、农村土地承包经营权的性质争议

农村土地承包经营权是我国现行农村土地使用制度的核心。因此对农村土地承包经营权性质的正确认识,就决定了对现行农村土地使用制度法律性质的认识和把握。然而,长期以来,学术界对农村土地承包经营权性质的认识一直争论不

休,有主张是用益物权者,有持债权说者,还有人认为我国的农村土地承包经营权实质上是永佃权。具体主要有以下几种争议。

（一）物权与债权之争

农村土地的承包经营权是属于物权还是债权,争论由来已久,笔者认为,《物权法》和《土地承包法》基本上实现了承包经营权的物权化,农民的土地承包经营权已经成为一种物权,其理由如下。

首先,承包经营权的内容由法律进行了详细具体的规定,其设立、公示、内容已经由法律明确规定了,符合物权法定原则。而那种认为"承包经营权产生于承包合同,所以是一种债权"的观点值得商榷,因为签订承包合同不能说明承包经营权就是债权。如孙宪忠所言,"虽然权利中'承包'一词来源于合同,但是不能因此就认为该权利具有债权性质,因为此处的承包,是创设物权的行为,或者说是物权变动中的原因行为。"虽然承包合同仍是一种合同,遵循意思自治,但可以发现,对于合同的主要内容,由双方自由约定的空间很小,主要部分都是由法律确定的。而合同中对双方权利义务进行规定,很大程度上都是对我国现行《物权法》和《土地承包法》规定的重述,从本质上讲双方权利义务是法定权利义务而非约定权利义务。

其次,从形式上看,《物权法》和《土地承包法》规定,承包经营权要经过登记和颁发土地承包经营权证或林权证等证书并登记造册来确定这符合物权公示原则。在土地承包经营权流转时,当事人要求登记的,应该登记,否则不得对抗善意第三人。此乃物权变动的公示方式,采登记对抗主义。

最后,从《土地承包法》关于责任的规定来看,其第54条规定:"发包方有下列行为之一的,应当承担停止侵害、返还原物、恢复原状、排除妨碍、清除危险、赔偿损失等民事责任。"这些都是典型的侵害物权应承担的侵权责任。如果承包经营权是债权而非物权的话,那么发包方所应承担的只能是违约责任,显然与法律规定不符。另外,《土地承包法》第53条规定:"任何组织和个人侵害承包方的土地承包经营权的,应当承担民事责任。"这个规定主要是针对发包方以外的其他人而言的,显然是关于侵权责任的规定。可见《土地承包法》是把承包权作为一个绝对的权利,用侵权法来保护。

承包经营权虽然是一个他物权,但是与传统的他物权有些差异,如承包权有"成员权"的内在含义,它通常被赋予本集体经济组织内的成员,具有某种社会意

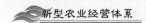

义。正如《中国土地权利研究》一书中指出："在多数情况下,拥有社员权是取得集体土地承包经营权的必要条件。"同时承包权通常是以家庭所有成员的权利共同行使,从事农业生产。其标的非经批准不得改变用途。

（二）自物权与他物权之争

自物权与他物权,是以对物的支配范围的标准所做的区分。自物权,即所有权,是对其标进行全面支配的物权,又称完全物权；他物权,是指所有权以外的在特定方而对物的支配权,又称定限物权或限制物权。这种分类方式也应适用于家庭承包经营权,但对家庭承包,即集体经济组织成员承包来说,却容易引起误解,因为集体组织成员对于本集体所有的土地以所有者自居。但这不同于所有权,因为成员与集体不是同一概念,从承包经营权的内容上看,成员仅有部分的处分权,并不能完全决定其承包土地在利用上的价值和命运,所以并不能说是对标的物的完全支配。《土地承包法》第4条规定："农村土地承包后,土地所有权性质不变。"所以承包经营权是属于他物权的一种,而非自物权。承包经营权是他物权,但是与传统的他物权相比常内含有"成员权"的意义。为促进土地使用效率的提高,有的土地实行"返租倒包"或"股份制经营"方式,让集体组织使用集体土地,农民不再单独经营,以发挥土地的规模优势,在这种情况下,土地的所有者集体组织是不是在行使完全的土地所有权呢？笔者以为并非所有权,集体使用只是农民为提高效益的一种经营方式,是农地承包经营权所派生的,它本身不能等同于土地所有权,所以性质上仍应由承包经营权所决定,而不是集体经济组织在行使其自物权。

（三）地上权与永佃权之争

我国法律在传统上应属大陆法系,但在物权法的构成上有诸多不同,如我国土地承包经营权是传统大陆法系法律中所没有的,而传统大陆法系中的地上权、永佃权的规定在我国现行法中又没有完全相对应的概念。但由于物权立法的必要,势必要对我国农地承包经营权与传统大陆法系物权类型中的永佃权、地上权进行必要的理论分析,以促进我国的物权立法。我国现行的农村土地承包经营权与永佃权、地上权相比有诸多交叉之处。

由此可见,永佃权与地上权设立的目的与承包经营权部分重合,只有进行建筑的权利在我国属于城镇国有土地使用权、宅基地使用权等内容,所以我国承包权范围广泛,包括永佃权和地上权的诸多权能。土地使用权是一种新型的用益物权,大陆法中传统的用益物权包括地上权、地役权、永佃权,其中没有一种具有我国土地使用权这样充分的享有权能和广泛的适用范围。

有学者主张用永佃权、耕作权等概念来代替农村土地承包经营权,在我国现行立法框架下这种提议是不妥当的,这势要对我国现有的《物权法》进行大幅度的改革,其成本之大,不可想象。

第二节　农村土地承包经营权的流转

从当前现代科技的发展速度来看,农业要实现现代化,就要实现土地这一重要生产资料的集中。与此同时,政府多次出台政策要求加快建设社会主义新农村,实现农村土地经营权的流转。

土地经营权流转是在现有土地所有制度不变的条件下,实现农村土地集中耕作的一个重要方式。自1956年《中国土地法》大纲颁布以后,我国一直在探索适合于我国生产发展需要的土地制度。当前在农民大举进城、政府致力于消除城乡差距的社会大背景之下,实现土地经营流转已经是大势所趋。

一、土地经营权流转的产生

土地经营权是在农村土地集体所有的前提下,在国家政策允许和农民在法律上取得土地承包权的基础上产生的。我国农村土地所有权是与我国生产资料的社会主义公有制性质相一致的。《中华人民共和国宪法》规定"农村和城市郊区的土地,除由法律规定属于国家所有的以外,属于集体所有",这一法律规定在我国广大农村来说就是集体土地所有。因此,我国公民不拥有土地所有权,只拥有经营权。

农村土地集体所有权表现为农民集体对其所有的土地依法占有、使用、收益和处分的权利。现行的集体所有和家庭联产承包制度是社会主义性质土地所有制的具体体现,是中国土地制度的一大创新,具有浓厚的中国特色。集体所有和家庭联产承包的农村土地集体所有权形式,经历了一个从探索到坚持长期稳定不变,并最终形成中国农村一项基本经营制度的过程。

中国农村土地集体所有权正式形成于1956年,其标志是第一届全国人民代表大会第三次会议通过的《高级农业生产合作社示范章程》。此后,农村土地集体所有权先后经过了合作社土地所有权、人民公社土地所有权、生产队土地所有权和现

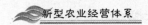

行的集体所有和家庭联产承包制度模式中的农村土地集体所有权四种形式。

我国现行的农村土地经营形式源自 1978 年的改革。1978 年党的十一届三中全会以后,为了调动农民的生产积极性,党中央对农村的人民公社体制进行了改革,1979 年中共中央下发了《关于加快农业发展若干问题的决定》,提出了"包工到作业组";1980 年印发了《关于进一步加强和完善农业生产责任制的几个问题》的通知,使包产到户在法律上得到承认。1983 年中央颁布了一号文件《当前农村经济政策的若干问题》,指出了要稳定和完善家庭联产承包责任制,逐步确立了中国现行的集体所有和家庭联产承包的农村土地集体所有权形式。

目前在农村土地集体所有权的实现上,还存在着土地集体所有权主体不明、土地使用权主体边界不清、农村土地管理混乱等问题,造成了对农民权益的侵害。学界在讨论这个问题的时候,产生了农村土地变集体所有为国家所有、变集体所有为农民私有、变集体所有为混合所有等错误观点。笔者认为,解决这一问题要站在保证农村发展、满足广大农民根本利益的角度,需要从法律上不断完善现行的农村土地集体所有权制度,让这一具有伟大创造意义和浓厚中国特色的农村土地集体所有权更好地实现。由此,更加符合时代要求的土地经营权流转问题便应运而生。

二、农村集体土地流转的理论基础

农村土地经营权流转是在稳定农村土地集体所有制关系不变的前提下,实现土地经营权的转让与流动,是土地权利的分离。农户将自己从集体承包的土地转让于他人经营,实际上农户承包土地的性质并没有变化,最终土地承包权并没有发生变化,简称农村土地经营权流转。农村土地承包经营权流转与农村土地流转蕴含着不同的意义,农村土地承包经营权流转,意指不改变土地所有权性质、不改变土地承包权、不改变土地的农业用途的土地经营权流转。土地流转,可以包括上述三种不改变土地的经营权流转方式,也可以包括对土地所有权、承包权和使用性质改变的土地经营权流转。

研究农村土地流转方式问题,首先要弄清楚农村土地流转的理论依据问题,在理论思考之始就确立流转过程中的权利公平。

(一)物权平等保护原则

物权平等保护原则是《物权法》适用我国 1982 年修改后《宪法》的重要体现。我国公民在不被剥夺政治权利之前,一切权利地位是平等的。因此,在参与市场经济的过程中,各市场主体都享有平等的社会地位,遵守平等的社会规则,承担平等的社会责任。物权平等保护原则强调主体不分强弱、身份或性质,其所享有法律保护内容是相同的。在我国法律体系中,平等保护原则主要体现在以下几个方面。

1. 权利主体在法律地位上是平等的

权利主体的法律地位平等是指法律所赋予我国公民的权利和义务是平等的,在法律面前应该履行的义务也是平等的,这是我国宪法基本原则的重要体现。在市场经济条件下,我国法律参与市场经济的地位是平等的,其所享有的财产权也是相等的。

权利主体的法律地位平等是发展市场经济的先决条件。如果不同主体享有不同的法律地位,就会造成市场混乱,从而阻碍市场经济的发展,因此也就不可能完善社会主义市场经济。

2. 权利主体适用法律规则的平等

权利主体在适用法律规则时是平等的。法律规则是法律保护权利主体法律平等地位的重要体现。因此,从这个角度看,适用法律规则平等是法律地位平等的拓展。规则是法律维持社会秩序的重要手段。任何人除了特殊情况之外都应该遵守法律规则。在处理物权的过程中,权利主体任何具体物权的取得都需要符合法律规定,应具有法律依据。

3. 物权保护的平等

权利主体一旦取得物权都应该受到法律保护。在适用法律保护之时,权利主体面临的物权保护规则也应是相同的。权利主体认为自身权利受到侵害时,权利主体可以按照我国法律规定处理物权纠纷。在处理物权纠纷之时,双方所适用的规则是对等的,法律将按照一个规则处理物权纠纷,双方的地位也是相等的。在处理纠纷时,双方无论是国家、集体或者私人,其物权在法律地位上是平等的,任何单位和个人不得越过法律界线。

(二)土地发展权理论

1. 土地发展权的概念

土地发展权(Land Development Rights)这个概念始于20世纪50年代,是英、美、法等国相继设置的土地产权制度发展的基础。土地发展权在我国的发展比较缓慢。目前我国存在大量土地交易的情况,但是尽管如此,我国仍然没有相关制度设置。因此,自20世纪90年代以来,我国国内不少学者分别从法学、经济学和土

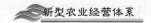

地资源的角度,做了大量土地发展理论探讨工作。

从我国学者的探讨来看,土地发展权的概念有狭义和广义两种。狭义的土地发展权认为土地所有权人有将自己拥有的土地变更用途或在土地上兴建建筑改良物而获利的权利;广义的土地发展权则认为土地所有权人有利用和再开发土地并因此获利的权利,包括在空间上向纵深方向发展、在使用时变更土地用途的权利。其中,农村土地发展权指土地用途由农用地转为建设用地的使用之权,主要包括:国家通过征地将农村集体农用地转为国家建设用地,农村集体农用地依法转为农村集体建设用地,国有农用地依法转为国有建设用地。

2. 土地发展权的归属与流转

土地发展权的权利主体问题涉及政府、土地所有者、土地使用人等各方对土地增值收益的分割。在土地发展权的归属上,目前学界存在着简单归公或者归私的论调。这两种论调其实都是一种绝对产权观念,与我国现有国情并不相符。先看归公的论调。这种论调看似能够减少土地交易投机,但是实际上却缺乏公平,农民投资获得利益不能得到保障,而且农村土地保护也不能有效开展。再看归私的论调。这种论调,与归公的论调刚好相反,太过激进,可操作性差,容易损害公共利益。因此,二元主体论,即国家和农民同样作为土地发展权的主体,国家和个人同时从土地增值之中获得土地增值收益,则能够起到兼顾效率与公平的作用。

（三）城乡经济社会发展一体化理论

从 1921 年建党以来,我国革命和建设的核心问题始终是如何正确处理工农、城乡关系问题。改革开放以来,城乡发展不协调,城乡收入差距有扩大的趋势。如果不尽早采取有效措施加以遏制,必将进一步加剧城乡二元化发展状况,对我国五位一体的经济发展总布局造成恶劣影响。

因此,我国社会目前面临的主要问题是如何建立一套有效的制度实现城乡的协调发展。从当前城乡发展的现状来看,我国需要尽快在城乡建设规划、产业布局、基础设施建设、公共服务、劳动就业一体化等方面取得突破,促进农村发展,最终实现生产生活要素在城乡均衡配置,实现城乡发展一体化。

1. 城乡建设规划一体化

土地资源利用问题是解决城乡一体化的首要问题。在改革开放之初至 2005 年这段时间,国家发展的重点在城市,资源向城市倾斜。在 2005 年之后,国家提出发展社会主义新农村,对农村进行大规划,通盘考虑城市与农村的协调发展,最终实现城乡全面的一体化。

在今后一个时期,我国要按照自然和社会发展的规律,全面考虑取悦规划问题,明确分区功能定位,合理安排各地区的空间布局,实现物尽其用、人尽其才,最终达到城乡全面可持续发展的建设目标。

2. 实现城乡产业一体化

城乡产业一体化是促进城乡经济社会发展一体化的重要环节。这一环节关系到城市和乡村的多个方面。总体来看,要实现城乡产业一体化,我国就需要从体制、规划、政策等多个方面解决城乡产业分割问题,顺应城乡经济社会发展不断融合的社会发展趋势。首先,要制定一套行之有效的制度体系,引导资金流、人才流的合理流动,使其向农村倾斜,促进农村产业同城市的接轨。其次,要注重农村环境保护,保证人与自然和谐相处。农村是一片产业发展净土,要严格按照我国社会发展五位一体的总布局实现城市与乡村的和谐发展。最后,要实现农村各类产业的协调发展。对农村各类产业要进行整体设计,实现农村一、二、三产业协同发展。不仅如此,在进行整体设计时,设计者眼光还要放在农村相联区域,从城市与乡村整体考虑。

3. 实现城市与乡村公共服务一体化

城市与乡村的关键问题还有公共服务。我国城市之所以领先乡村的发展,除了政策倾斜之外,还有城市公共服务较之农村更为先进,比较突出的问题就在于教育、医疗和交通。城市社会的教育资源、医疗资源和交通资源都优于农村,因此吸引了大规模的劳动力,从而加速了城市的发展。因此,要实现城乡一体化就要实现城乡在公共服务上的一体化。

我国政府要加大对农村安全饮水、稳定电力、便利交通、安全通信和垃圾处理等问题上的投入,保证这些方面实现城乡共建、城乡联网、城乡共用。为了实现农村地区的长期稳定发展,我国政府还要加大对农村教育和医疗的投入,要保证城乡在教育资源和医疗资源上的均衡。其他基本方面也值得注意,如城乡文化资源、体育资源、住房保障资源等方面的均衡。

4. 统筹城乡劳动就业

就业是关系城乡民生的一个重要问题,不仅对城市重要,对农村也同样重要。农村土地大规模经营流转之后,面临的一个重要问题就是失地农民的去向。农村

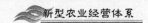

人民进入城市就业面临先天不足。大部分农民接受的教育水平比较低,缺乏城市就业所需要的职业技能。因此在就业时,很多农民往往都只能选择一些不需要技能的职业,这一点从当前我国社会的农民工现象中就可以看到。农民工在城市的职业大多是建筑工人、产线普通工人、店面售货员等。这些岗位上的职工在城市的收入水平普遍偏低,难以有效应对他们在城市的必须生活消费,这就给他们以后在城市生活带来困难。因此,我国政府要实现城市与农村就业的一体化,就要对农民再就业进行培训,使他们具备走向岗位的必备职业技能,有在城市生活的基本能力。

5. 实现城乡社会服务和管理一体化

城市人口流动是城市发展的自然现象。有人走,有人来,这为城市的发展带来了活力。随着当前我国城市发展节奏的加快,农民工犹如候鸟一般带着他们的家人和期盼来往于不同的城市之间,来往于城市与乡村之间。

为了适应这一群体的需要,政府应做出一些必要的措施,提供良好的社会服务,保障这一批人的权益。首先,要建立适应这一群体的社会保障制度,使他们住有所居、病有所医、学有所教、老有所养。其次,要建立适当的流动人口管理制度,登记造册,稳定社会秩序。最后,逐步实现城乡一体化,最终为这个群体创造一个良好的社会环境。

三、制约土地经营权流转的因素分析

(一)政策制约因素

1. 征地补偿安置问题

我国各个地区都有征地补偿问题,农民、政府、开发商三者之间的关系始终是社会关注的一个焦点问题,动辄就有冲突,甚至发生流血事件。问题的核心就是政府没有对补偿安置问题给出指导性文件。征地补偿安置中也没有对耕地流转后的实际耕种者进行考虑,政府征地时的谈判对象是否包括租地者没有明确,使得租地双方无法合理预期流转后若发生征地情况时双方的利益会如何,因而制约了农村土地流转。

2. 产权模糊化问题

农村土地的产权边界不清,使用权、所有权和政府的行政管辖权错综复杂地结合在一起,剪不断理还乱。我国历来存在国有产权重于集体产权、集体产权重于农户产权的产权不平等观念,所以农户产权往往容易受到事实上的侵害。

3. 收益权不稳定问题

农业政策的多变性使经营表地的收益权在量上非常不稳定。比如前几年取消了农业税,又实施良种补贴、农机补贴,使经营农村土地的收益增加。农业政策的不断调整导致农民在转出或转入土地时难以对未来的收益形成稳定预期,从而影响了农村土地长期而稳定的流转。即使已经发生的流转,当政策变化时也会发生调整。如农业税取消后,原来已经低价将农村土地流转出去的农户发现现在种田有利可图了,于是纷纷回乡索要转出的土地,使土地流转纠纷增加。

4. 承包经营权收回问题

由于《土地承包法》规定了在几种情况下承包地可依法收回,这就导致土地流转可能会存在依法中断的情况。比如张三把耕地出租给了王五,租赁期10年,但在租期内,张三举家搬迁到了设区的市,并取得了城市居民户口,则按照承包法规定,张三所在的集体经济组织可以依法收回其承包的土地。在这种情况下,张三与王五之间的租赁合同就面临被取消的风险。所以,承包经营权依法收回规定的存在,不利于稳定承包经营权的流转。

(二)动力制约因素

1. 转出方的动力不足

农民"恋地"情结重,阻碍了土地流转,影响了农村土地规模经营。主要表现在:一是看好土地的收益功能,耕地对于减轻劳动负担的作用越来越小,农事活动可以抽时间甚至挤时间进行,这样可以方便从事其他活动;二是看好土地增值功能,有一部分农民认为农田仍然是自我生存保障的主要依靠,他们宁愿不种或粗放耕作,也不愿意放弃土地承包权;三是留恋土地的保障功能,土地之于农民来说,还有一定的心理安慰意义,"三亩地,一头牛,老婆孩子热炕头"是一部分安于现状农民的生活态度。

可见,农民对于农村土地的考虑并非全部出于经济考虑,土地之于他们已经温饱的生活来说是一种内心安定的保障。将土地转交给他人经营,其生活会变得"没着没落"。心理的不安定是制约他们流转土地经营权的重要因素。

2. 流入方的动力不足

制约土地流转的因素不仅仅是流出,还有流入。从我国当前土地流转的情况

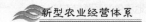

来看,在很多地区,并不是没有土地流出,而是没有农业专业户耕作土地。土地,对于投资者来说,其吸引力不足。

首先,农民经营土地种植大田作物的纯收入不高。当前农民土地经营生产力与国外相比仍旧不高,单位面积的纯收入很低,这也是农民不愿种地的一个重要原因。

其次,通过转入土地实现规模经营非常困难,我国农民人均耕地普遍较少,远远达不到吸引农户重视农业、把农业视为主业、专职务农的地步。

再次,农村土地规模经营是否会带来高效益值得怀疑。在我国大部分地区,农村最普遍的状态就是资本积累不足。这就制约了我国农民地域自然风险和市场风险的能力。当他们决定扩大农村土地经营规模时,不确定的自然灾害因素则又将这一萌芽扼杀。在收入与风险的天平上,更多的农民会选择稳定的收入。

最后,租入土地会给农户的灵活决策带来不便。时间对每一个人都是公平的。在农民看来,如果不能够充分利用时间为自己带来可观的收益,这一年的生活就是失败的。一旦农民租入土地,巨大的资金压力会促使他将大部分时间花费在土地上,难以有其他方面的时间投入。这个结果就是一旦土地遭受自然灾害,不仅仅是一年辛苦打水漂,还要付出巨额的土地租金。

（三）功能制约因素

农村土地的各种功能之间存在矛盾。从保障功能和经济功能的角度看,当农民占有土地数额较小的时候,农村土地的保障功能就比较突出。一旦土地数额较大,其产出超出农民生活正常所需,土地的经济功能就比较突出。当农户实现土地规模经营之时,土地的经济功能并不能当代社会和农民的需求。一方面,如果农民要实现大规模经营并且要有大量的产出,那么农民就必须适用大量农药、化肥和其他对土地或者社会不利的生产手段;另一方面,当代社会越来越注重养生,采用上述生产方式生产的农产品不能满足公众的需求,农产品的价格自然就很低。

由于农村土地功能与当代社会的不协调,政府若要发展农村土地规模经营就需要推广更先进的生产技术,提高农产品的社会价值,从而提高土地经营权流转的规模。

（四）能力制约因素

1.农村土地经营能力的制约

土地作为一种生产资料,自身并不会创造财富,全赖具备经营能力的人来实施。我国农民对于小地块的耕种经验比较丰富,但是对于大地块来说,却鲜有人能够实现盈利。有很多农业专业户,他们往往能够经营二十亩以下的土地,但是对上百亩,甚至上千亩的土地则往往无能为力。究其原因,是我国农民的知识有限。在耕作之时,他们往往倾向于使用劳力,依靠个人体力实现土地产出增长。而在现代农业之中,这一点是鲜见的。

2. 农民预期能力的制约

农村土地流转的年限约定,不仅反映了农户对流转农村土地使用权所拥有的时间尺度,而且也反映农户对农村土地经营的预期。流转约定的年限短,说明农户对农村土地经营的预期不足;流转约定的时间长,说明农户对农村土地经营效益有较长期的预期。当前许多农户不敢长期流转土地,说明农民对前景的预期能力不足,只能将农村土地流转作为权宜之计,因而制约了农村土地的稳定流转。

3. 人际能力的制约

我国农业生产大户很多都是老实巴交的农民,其人际交往能力不足。而在土地流转经营的过程中,农业生产大户必须要和转出方、政府方进行交涉,维持合作关系。从转出方来看,土地流转经营并不是简单地两户之间一对一的关系,而是一对多。农业生产大户一户要面对多个转出户,这无疑考验了其人际交往的能力。再进一步分析,可以看到,影响转出方的是整个农村的人际关系生态,这就更加大了农业生产大户和转出方的交际难度。

(五)流转机制制约因素

1. 信息不对称

目前农村的土地交易通常是通过交易双方私下协商实现的。一般情况下,有承包土地经营权需求的人,往往会通过向他人打听的方式获得农村土地经营权供给信息,然后再与供给人通过第三方(往往是村委会)签订一个承包经营权合同。这种形式极大程度地发挥了农村熟人社会的作用,但是却有一个缺陷:土地市场的价格不透明,难以随市场不断变动,这样就不能达到土地资源的最大化配置。

另外,由于信息不对称,交易双方往往还不能对土地经营权交易到期以后如何进行配置进行有效协商,这样还有可能对承包土地农民产生巨大侵害。

2. 中介服务不完善

在农村的熟人社会,土地经营的价格往往是通过双方的协商实现的,但双方并没有能力对土地做出准确的估价。这一工作原本是需要土地中介服务机构实现的,但是在服务体系交叉的农村,这一点的实现无疑是妄想。

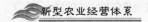

第三节　中国农村土地规模经营

新型农业经营体系的建立和发展以及新型农业生产经营主体的转变必然需要农村土地规模经营作为支撑。农村土地规模经营是加快发展现代农业、推动农村经济发展、提高农民生活水平的必由之路,其施行迫在眉睫。

一、实行土地规模经营的必要性

（一）实现农业现代化要求土地规模经营

自实施家庭联产承包责任制以来,农民的生产积极性被调动起来,温饱问题基本得到解决。但在社会化大生产的环境下,这种传统经营模式的弊端日益显现。近些年我国农业生产率有了一定程度的提高,但是由于我国土地大多分散,不利于先进农业机械和科学技术的大规模推广,农业生产在很大程度上还要依靠精耕细作,投入成本严重超过产出效益。要推动农业发展,实现农业现代化,就要转变传统的土地耕作模式,推动土地规模经营。没有土地规模经营,农业现代化将是无稽之谈。

（二）实现农民增收要求土地规模经营

家庭联产承包责任制基本解决了农民的温饱问题,目前迫切需要解决的问题是如何实现增收,使农民致富。家庭联产承包责任制下,小规模的农户经营无法实现降低生产成本,提高农产品收益,要增加农民收入必须依靠土地规模经营。农业对农民收入的贡献较小,就不能带动农民走上致富之路。因此,必须转变农民的经济增长方式,实行土地规模经营,进一步解放劳动力。

（三）提高农业国际竞争力要求土地规模经营

加入WTO后,中国的农产品市场面向世界开放,但我国农产品在国际市场上的竞争能力较低。影响农产品国际竞争力的因素很多:一是价格因素,由于我国农业生产为家庭经营模式,机械化难以大规模推广,农产品成本普遍高于发达国家水平,致使我国农产品没有价格优势,难以在国际市场上占有一席之地;二是技术因素,由于土地分散,先进科技成果在农村难以推广。因此,要转变我国农产品一直处于贸易逆差的局面,提升农产品的国际竞争地位,必然要求降低价格、丰富品种、提高质量。然而,我国的家庭经营模式无法实现大机械化生产,需要人力和畜力耕种,生产成本无法降低。由于户均耕地少、资金不足,耕作的目标只限于自给自足,阻碍了先进农业科技成果和种植技术的推广应用,无法提高农产品的科技含量和品质。因此,要提高农产品的国际竞争力,必须推行土地规模经营。

二、土地规模经营的影响因素

(一) 经济因素

1. 第二、三产业的发展

我国的人均耕地仅为世界水平的40%,农民将土地视为最重要的生存方式,多数农村劳动力束缚在土地上,不愿将土地流转出去。然而新生代农民"恋土"情结较弱,并且接受过较高的文化教育,在生存技能、文化知识和心理上更能适应城市生活。他们向往城市生活,希望进城定居,脱离与土地的联系,第二、三产业为其提供了良好契机。随着科学技术发展,第二、三产业将衍生出更多部门,要求更多劳动力参与到社会化大生产中,为农民提供更多就业机会,将农村劳动力从土地中解放出来,减少对土地的依赖性,解决了人多地少的矛盾。此外,农村劳动力在城市就业的工资收入明显高于土地收入,吸引农村劳动力向城市转移,为土地流转提供可能,促进土地规模经营。然而我国第二、三产业发展不够全面,农民通过第一产业获得的人均纯收入比重很大,削弱了农村劳动力进入第二、三产业的积极性,对土地规模经营产生一定影响。

2. 机械化水平

机械化水平与土地规模经营是密不可分的。机械化生产可以减少人力、畜力投入量,降低生产成本,实行标准化作业,加快新技术、新科技成果的推广应用,提高农业综合生产能力,增加农民收入;替代传统的精耕细作,通过提供一条龙生产作业,使农村劳动力从土地中解放出来,有更多时间和精力在城市务工,解决了外出务工的农村劳动力农忙时返乡农作的后顾之忧,增加了外出务工的稳定性。

3. 家庭联产承包责任制

首先,农村土地产权不明晰。我国农村土地所有制结构在法律形式上表现为组、村、乡三级所有,看似界限清晰,但实际操作中问题重重。农村集体经济组织和村民小组不复存在,不能成为土地的所有者。村民委员会作为一个非农村集体经济组织,不具有充当农村土地所有者的资格。法律上并没有解决农村土地的真正归属问题。

其次,农民的土地使用权得不到切实保障。《农村土地承包法》规定农民的土地承包经营权30年不变,农民承包后拥有土地所有权以外的权利,可以将承包的

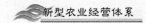

土地流转出去。但是,当国家征用土地时,农民只能交出承包的土地,土地承包合同形同虚设,土地流转双方切身利益得不到保障,削弱了农民流转土地的积极性,影响了土地规模经营的进程。

4. 土地流转制度

目前我国尚未建立规范的土地流转制度,农户之间的土地流转由于缺乏引导而呈现随意状态。由于农民的法律意识不强、文化知识有限,不懂得如何保障自己的权利,大多数土地流转的转出方和转入方未办理土地流转公证,只是签订土地流转合同,约定土地流转期限和流转价格等,合同内容存在漏洞且法律效力较低或者没有法律效力。此外,土地流转大多发生在亲戚之间,碍于情面,只是口头约定,增加了土地流转的不稳定性。

(二)社会因素

1. 户籍管理制度

1958年以来,我国实行严格的二元化户籍管理制度,通过法律形式限制农民进入城市,制约了农民和市民之间身份的转换。随着经济的不断发展,二元化户籍管理制度的弊病日益显现。城市的发展必须补充劳动力,这为农村劳动力向城市转移提供了机会。在城市中,多数农民工在就业领域、工薪报酬、看病就医和子女上学等方面都无法享有与市民相同的待遇,且农民工文化知识水平和专业技术能力有限,只能从事简单的生产劳动,使得他们面对农业户口转变为城市户口存在的高门槛时,例如购买一定面积的商品房等,表现得束手无策,削弱了农村劳动力在城市进行生产的积极性,使他们没有安全感,不敢放弃自己手中的土地。这种城乡分割的户籍管理制度无法彻底切断农民与土地的联系,他们宁愿土地搁置,也不愿意流转出去。由此可见,户籍管理制度在一定程度上影响着土地规模经营的进程。

2. 社会保障制度

首先,新型农村社会养老保险,通过个人缴费、集体补助和政府补助相结合的方式进行筹资,减轻了农民参与农村养老保险的负担。其次,农民工养老保险制度也存在弊端。《农民工参加基本养老保险办法》规定:农民工达到领取养老金年龄但缴费年限不足15年,参加了新型农村社会养老保险的,社保机构负责将其基本养老保险资金转入户口所在地新型农村社会养老保险,享受相关待遇。而"相关待遇"是按照"新农保"的计算方法领取,还是按照基本养老保险和"新农保"的加权平均数领取未做出明文规定,令农民工因害怕自己的血汗钱不能足额按月领取,而降低了参加基本养老保险的积极性。社会保障制度不健全,农民不愿流转出土地,阻碍土地规模经营进程。

3. 土地流转中介组织

土地流转中介组织缺失或机构不够完善,信息不畅通,减慢了土地规模经营的速度。有些农户常年在城市生活,有把土地流转出去的意愿,但由于缺乏中介提供流转信息,土地不能及时进行流转,最后只能粗放经营甚至撂荒。部分农户有实行土地规模经营,成为种粮大户的想法,但无法获得土地流转信息,无法从其他农户手中获得土地使用权。土地流转中介组织的缺失或者机构的不完善使得土地流转信息不能及时公开发布,无法将有土地流转意愿的双方紧密联系起来,使得土地集中工作困难加大,阻碍了土地规模经营的进程。

(三)政策因素

近年来,国家出台了相关政策扶持农业生产,但是农业仍然是我国的弱势产业,农作物抵御自然风险的能力低,要想把农业发展壮大,就要提高机械化水平,实行土地规模经营。即使土地集中连片,具备了实施机械化的条件,购买大型农机的资金也可能远远超出农户可以负担的水平,这就需要国家金融政策的支持,帮助农民实现土地机械化。目前,由于农户可提供的抵押物少,农业的投入产出比相对于其他行业低很多,银行出于风险考虑,对农户的信贷规模控制比较严格,贷款利率水平往往超出了农业生产收益率水平,这影响了农业机械化的步伐,影响了土地规模经营的顺利实施困。

(四)农民自身因素

1. 农民的"恋土"情结

受封建思想影响,农民将土地视为"命根子",所以即使无力耕种也宁可撂荒,不愿放弃土地使用权。近年来,城市化进程不断加快,城市范围向郊区扩展,郊区的土地价格呈上升趋势,郊区农民更将土地视为可增值的资产,等综合开发时得到一笔可观的补偿费。因此,郊区的农民不会把土地流转出去,即使流转出去,补偿款在土地的转出方和转入方之间的分配又成了困扰农民的一大难题。上述原因限制了土地的流转和集中,加大了土地规模经营的难度。

2. 劳动力素质

我国农村劳动力文化素质较低,严重制约了土地规模经营的进程。首先,现代农业科研成果和生产技术要求具有高文化素质的农民来掌握并运用。由于文化素

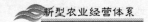

质偏低,农村劳动力接受起来非常吃力,运用时难以做到得心应手,阻碍了农业现代化推进的步伐,减慢了土地规模经营的速度。其次,农村劳动力没有一技之长,就业空间狭窄,进城务工也是依靠体力从事最基础、最简单的生产劳动,劳动收入很低,无法在城市中安身立业,最终会回到农村依靠土地养老。农村劳动力文化素质偏低的现状只会让农民紧紧抓住手中的土地,不会将土地进行流转或者集中起来规模经营。

三、促进农村土地规模经营的对策及建议

（一）经济方面

1. 积极发展第二、三产业

首先,积极推动小城镇经济。选取基础设施条件好、发展潜力大的小城镇作为发展重点,根据当地实际情况、全方位整合各类资源、招商引资,积极发展工业、旅游业、餐饮业等劳动密集型产业,最大限度地吸引农村劳动力。其次,大力发展乡镇企业。乡镇企业可以充分利用当地自然资源和劳动力资源等优势,重点发展农产品加工和销售等行业。乡镇企业增加值每增长1个百分点,就能多吸纳2025万劳动力。各级政府应加大对乡镇企业的投资和支持力度,根据乡镇企业周围农村的农业生产情况和区域经济发展状况,引导乡镇企业发展方向,根据市场需求调整产业结构,鼓励发展特色经济。同时改善乡镇企业的发展环境,加强农村基础设施建设,构建公平、开放、有序的市场环境;在乡镇企业贷款、融资方面给予政策优惠,降低贷款门槛,突破乡镇企业发展的瓶颈。

2. 提高机械化水平

农民的收入有限,购买力水平不高,提高机械化水平离不开政府的支持。政府应加大对农机具的资金投入,提高购买农机具的补贴力度,调动农民购买农机具的热情;加大对农机具的研究和开发力度,鼓励科技人员对农机具进行科技创新。县级政府组织专业技术组织向农民讲解农机具知识,提高农民的操作水平,同时为农民提供专业维修。此外,政府应在农用燃油方面提高财政补贴,以降低农业机械化生产的成本。

3. 完善家庭联产承包责任制度

首先,明确土地所有权。通过立法的形式明确农村集体经济组织拥有土地所有权,享有农村土地的占有、使用、收益和处分权。若农村集体经济组织不存在,则由村民委员会行使土地承包权。除国家征用土地等情况外,集体土地所有权不得

随意变更。其次,保障土地承包使用权。从法律上保障农民承包土地使用权的稳定性,打破对农民承包土地的时间限制,以规避农民生产过程中的短期行为,促进农业生产的长期性和稳定性。国家征用土地时,要充分尊重农民意愿,遵循"先补贴后征用"的原则;在法律上明确国家补偿款在土地流转双方的分配方式;建立补偿款监督机制,保证补贴资金的安全和及时到位,以保障丧失土地承包权农民的经济利益。

4. 完善土地流转制度

首先,统一土地流转合同。县级政府根据本县情况,制定统一规范的土地流转合同,并规定实行土地流转的农民必须签订。土地流转合同的签订必须遵守自愿、公平的原则,合同内容不仅要明确土地流转期限、流转价格、双方的权利和责任等事项,还要对经济补偿办法和标准做出明确规定。

其次,将土地流转信息登记备案。土地流转合同签订后,村民委员会根据土地流转合同将土地流转相关事宜进行登记,并上报乡(镇)及县土地管理所备案。土地流转信息发生变动后,土地流转双方应及时向各级政府报告变更信息。

(二)社会方面

1. 完善户籍管理制度

完善户籍管理制度,使进城务工的农村劳动力可以享受与市民相同的待遇,这样不仅有利于城市经济的稳定发展,也有利于农村劳动力彻底脱离土地,推动土地规模经营的开展和实施。对于中小城市,可以按照实际居住地登记落户的原则,将进城务工的农村劳动力视为市民中的一员,给予和市民相同的待遇。如果进城务工的农村劳动力愿意放弃在农村的土地和宅基地,可以根据土地和宅基地的具体情况,折算成现金或者在购买城市商品房或经济适用房时给予政策支持,以帮助农村劳动力在城市落户困。

2. 完善社会保障制度

首先,加大对农村社会保障的财政投入力度,提高补助水平。针对流转出土地的农民设立专门的保险制度,提供更高水平的养老保险。对于自愿流转出土地的农民,根据年龄划分不同的养老保险水平,对于流转出土地且丧失劳动力的农民,要保障其基本生活水平。对于进城务工、工作稳定的农民工,鼓励他们放弃土地,转换成市民身份,在城市购房方面根据土地面积给予政策支持和补贴,纳入城镇社会保险体系,享受市民待遇。其次,提升农村社会保障经办机构服务能力,建立资

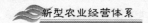

金监督机制。强化经办机构人员服务意识,树立以保障农民权益为己任的思想意识,让农民享受到最优质、最高效的服务。规范保证每笔资金支出的用途和发放,任何单位和个人不能挪用。保证资金能够保值增值,不因通货膨胀问题受到损失,保障农民缴纳的资金安全。

3.建立健全土地流转中介组织

建立健全土地流转中介组织,将转出土地的信息登记备案,发布信息,并提供土地评估等服务,为农民提供价格指导,保障农民以合理价格流转土地。想转让土地的农民可以通过中介发布信息。中介建立土地流转信息库,将土地流转方向、规模、价格等信息备案,为解决农户之间的土地纠纷提供依据。

(三)政策方面

首先,加大国家政策宣传。国家出台了关于土地流转和土地规模经营的相关法规和条例,但是农民对其认识并不深刻。政府应充分利用广播、电视、墙体广告等形式,向农民宣传加快土地流转和规模经营的文件和政策,并大力宣传通过土地流转实行规模经营促进土地转入方和转出方发家致富的典型案例,让农民明白推行土地流转并不剥夺土地承包经营权,充分唤醒土地流转的意识,改变固有的小农观念。

其次,加大政策扶持力度。农业高风险、低回报率的特点决定了需要更多的政策和资金支持。地方政府应出台优惠政策,鼓励建立专门服务于农村经济建设的金融机构,以利率低、期限长的优势,将存款放贷给需要大量资金支持的农民。根据农民自身情况丰富信贷产品种类,为农民提供更多贷款渠道。对实行土地规模经营的农户制定扶持政策,进一步减免税收,在购买先进农机设备时给予更多补贴,降低银行贷款利率,延长银行贷款期限,对土地规模经营效益好的农户给予奖励,鼓励更多农民参与土地规模经营。

(四)农民自身方面

1.减弱"恋土"情节

对于进城务工的农村劳动力,放宽"农转非"的条件,规定符合进城务工达到一定年限、在城市已购买商品房、在城市进行投资等条件之一的即可办理城市户口,放弃农村土地,享受城镇社保。对于近郊的农民,允许转为城市户口的农民在一定年限内保留农村土地的承包权。保留土地承包权期间,一旦发生征用,按照土地面积分得一定数额的赔偿或一定面积的楼房,超过保留年限,政府按照一定的补偿标准有偿收回土地;对于流转土地双方,严格按照土地流转合同中的相关规定对土地补偿费进行分配,以减弱农民的"恋土"情节,并使农民在脱离土地的同时得到实惠。

2.提高农民素质

首先,加强对农村劳动力的非农技能培训。农民除了传统耕作技能外,一般没有其他技能,因此,加强对农民的非农技能培训工作迫在眉睫。可以将各个县的职业技术学校作为培训农村劳动力技能的基地,或者开展职业技术学校老师下乡活动,向农民讲授技术知识,指导技能操作,使农民进城后能找到工作,并能根据爱好选择职业,不再依靠土地为生。其次,对实行土地规模经营的农民加强技术培训。推行土地规模经营必然涉及机械化生产和资源配置等,而农民没有学过相关知识,不懂得操作农业机械设备和农业经营管理知识。要想让这些新型农民掌握科技、了解市场需求、有效管理大规模土地,必须进行专门技术培训,提高素质。

四、农村土地适度经营规模判定标准和测量模型的选定

(一)农村土地适度经营规模判定标准的选定

所谓适度规模是指在这一规模之下土地经营处于规模报酬递增阶段。农村土地适度规模经营标准的选定是与当地的条件紧密相关的,并不是整齐划一的设定一个适用于全国的标准。从宏观上来说,农村土地适度规模经营标准的选定是与当地的生产力水平和自然地理环境紧密联系。生产力水平高、自然地理条件较好的地区其"适度"的农村土地经营规模也就越高。

农村土地适度规模经营可以促进科技在农业生产中的推广和应用、促进资金的投入和土地产出率、劳动产出率和经营效益的提高,因此,在现代农村土地经营中,要取得好的经济效益,必须把握好一个适度的规模。当经营规模小于现有生产力水平时,就会造成生产要素大量闲置,扩大规模会促进产出的增加;反之,当经营规模大于现有生产力水平时,会产生内部监督失效等激励问题,导致经济效益下降,从而出现规模不经济或规模经营的低效率。"适度规模值"是指在一定的经济技术条件下,单位劳动达到最佳投入产出的经济效益所能经营的最大土地面积,即能使规模经营保持在最佳效益之内的边际量。在这个规模上,可以以最小的消耗取得最大的经济效益。

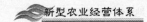

　　推行农村土地规模经营的难点主要在于如何把握规模经营的适度性问题。"适度"的把握，既是实践中的一个现实问题，也是理论上的一大难题。一方面，农村土地经营规模具有一定的动态性，在不同的发展时期会产生不同的适度规模值。农村土地经营的适度规模值是多种自然因素和经济条件综合作用的结果，随着各种条件的变化，适度值也必然会随之变化而呈现出动态性，工业化水平的提高、农业劳动力转移、农村土地流转的现状，都必然影响到农村土地经营的适度规模值。另一方面，农村土地规模经营又具有一定的层次性，例如农业机械、农业劳动力等生产力要素的数量和质量不同以及农业生产经营的形式不同，也会有不同的农村土地经营的适度规模值。吴昭才和王德祥以锦州市的调查资料为例，证实了分别用土地生产率、劳动生产率和资金盈利率三个指标所计算出来的最优规模是不一致的。因此，我们在具体测度某一区域农村土地经营的适度规模值时，要坚持具体问题具体分析。

　　适度的、合理的和最佳的农村土地经营规模需要用一些经济指标进行具体的分析判断。判定最优土地经营规模的标准或者指标是多层次、多样化的，不存在一个普适性的最优土地经营规模。也就是说，农村土地经营规模是否适度是针对一定的评价目标而言的。不同的目标就会出现不同的判断标准，从而也会有不同的土地适度经营规模。因此，对农村土地适度经营规模的测算首先要对目标和评价标准进行选择。目前，最优的土地规模经营面积的判定目标包括宏观层面和微观两个层面，宏观层面主要从整个社会效益的最大化（或农产品总产量的最大化）来考虑农业生产经营的最佳规模，微观层面主要从自身微观利益的最大化来考虑农业生产经营的最佳规模。宏观层面和微观层面评判农村土地最佳经营规模的不同目标所构成的评价指标体系如图 3-1 所示。

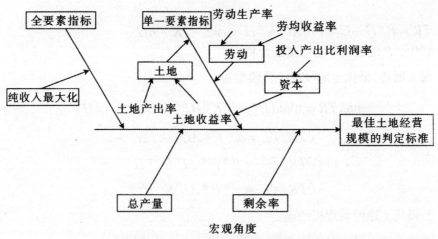

图 3-1 农村土地适度规模经营评价指标体系

（二）农村土地适度经营规模计量测度模型的选定

基于农村土地经营规模的动态性以及农业发展的具体情况，笔者在确定了最优土地经营规模的评定标准后，对计量模型进行了选定。计量模型是在参考了钱贵霞、李宁辉和陈艳红的计量模型后，利用柯布—道格拉斯生产函数（CD 函数）进行推导而来，可以对最优土地经营规模值进行估算。

1. 模型的设定与说明

生产函数采用 CD 生产函数，模型如下。

（1）土地的粮食总产出 Q 表示如下：

$$Q = AL^{\alpha} K^{\beta} H^{\gamma}$$

式中，L 为劳动力投入量，K 为资本投入量，H 为土地投入量，α、β、γ 分别为劳动力、资本和土地产出弹性，A 为其他影响农产品生产各种因素的作用和。

满足：　　　　$0 < \alpha$，β，$\gamma < 1$；

$\partial Q / \partial L > 0; \partial Q / \partial K > 0; \partial Q / \partial H > 0$；

$\partial^2 Q / \partial L^2 < 0; \partial^2 Q / \partial K^2 < 0; \partial^2 Q / \partial H^2 < 0$。

（2）土地生产的总成本 C 表示如下：

$$C = wL + rK + nH$$

式中，w，r，n 分别代表劳动力的工资、资本的价格和土地的地租。

（3）土地的总收益表示为：

$$TR = P*Q - C = P*AL^\alpha K^\beta H^\gamma - wL - rK - nH$$

式中，P代表农产品市场的价格。

综上所述，最优土地规模经营模型为：

$$\max TR = \max(P*AL^\alpha K^\beta H^\gamma - wL - rK - nH)$$

$$\text{s.t}\begin{cases} \partial TR / \partial L = \alpha*P*AL^{\alpha-1}K^\beta H^\gamma - w \\ \partial TR / \partial K = \beta*P*AL^\alpha K^{\beta-1}H^\gamma - r \\ \partial TR / \partial H = \gamma*P*AL^\alpha K^\beta H^{\gamma-1} - n \end{cases}$$

2. 最优土地经营规模的确定

通过总收益最大时的均衡解，得出最优的土地经营规模：

$$\frac{H^*}{L^*} = \frac{\gamma}{\alpha}*\frac{w}{n}$$

公式表示的是在模型存在均衡解的条件下，最优的人均耕地面积。可见，最优人均耕地面积取决于土地产出弹性、劳动力工资、劳动力产出弹性和土地地租四个变量，最优人均耕地面积与土地产出弹性、劳动力工资成正比，与劳动力产出弹性和土地地租成反比。它表明：①在粮食生产依赖于土地的情况下。要想获得较高的收益则需要投入更多的土地，即土地产出弹性大，结果就是人均耕地数量增加，反之，土地产出弹性小则人均耕地数量减少；②如果劳动力较土地稀缺，劳动力工资高，即让，大，则人均耕地数量增加，反之，如果劳动力较土地丰富，劳动力工资低，人均耕地数量会减少；③如果农民从事非农产业机会多，从事非农产业的工资上涨，则劳动力产出弹性大，会使从事农业的劳动力减少，从而带来人均耕地数量的增长，反之，人均耕地数量减少；④如果土地稀缺，土地地租较高，则人均耕地数量小，反之，则人均耕地数量增大。

单位土地面积上的最优资本投入量为：

$$\frac{K^*}{H^*} = \frac{\beta}{\lambda}*\frac{n}{r}$$

公式代表单位土地面积上的最优资本投入量，它也取决于四个变量：分别是资本产出弹性、土地产出弹性、土地地租和资本价格。

第四章　我国精准农业的发展及技术体系

精准农业技术被认为是 21 世纪农业科技发展的前沿,是科技含量最高、集成综合性最强的现代农业生产管理技术之一。可以预言,它的应用实践和快速发展,将使人类充分挖掘土地最大的生产潜力、合理利用水肥资源、减少环境污染,大幅度提高农产品产量和品质成为可能。实施精准农业也是解决我国农业由传统农业向现代农业发展过程中所面临的确保农产品总量、调整农业产业结构、改善农产品品质和质量、资源严重不足且利用率低、环境污染等问题的有效方式,将成为我国农业科技革命的重要内容。

第一节　精准农业的内涵及原理

我国当前面临农业资源匮乏、农田环境污染严重的问题,因此在我国实施精准农业示范和研究工作具有重要的战略意义。

一、精准农业的内涵与特点

（一）精准农业的内涵

精准农业也叫精细农业、精确农业、精致农业、精细农作等,精准农业是利用3S 空间信息技术和农作物生产管理决策支持系统（DSS）为基础的面向大田作物生产的精细农作技术,即利用遥感技术宏观控制和测量,地理信息技术采集、存贮、分析和输出地面或田块所需的要素资料,以全球定位系统将地面精确测量和定位,再与地面的信息转换和定时控制系统相配合,产生决策,按区内要素的空间变量数据精确设定和实施最佳播种、施肥、灌溉、用药等多种农事操作。实现在减少投入的情况下增加（或维持）产量、降低成本、减少环境污染、节约资源、保护生态环境,实现农业的可持续发展。精准农业具有地域性、综合性、系统性、渐进性、可操作性。

精准农业是一种现代化农业理念,是指基于变异的一种田间管理手段。农田

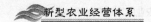

里田间土壤、作物的特性都不是均一的,是随着时间、空间变化的。而在传统的、目前仍在采用的农田管理中,都认为其是均一的,因此,采用统一的施肥时间、施肥量。实际存在的差别、空间变异使得目前这种按均一进行田间作业的方式主要有两个不足。第一,浪费资源,为了使贫瘠缺肥的地块也能获得高收成,就把施肥量设定得比较高,将本来就比较肥沃的地浪费了;第二,这些过量施用的农药、肥料会流入地表水和地下水,引起环境污染。

在这种情况下提出精准农业,根据田间差异来确定最合适的管理决策,目标是在降低消耗、保护环境的前提下,获得最佳的收成。精准农业本身是一种可持续发展的理念,是一种管理方式。但是为了达到这个目标,需要三方面的工作。首先,获得田间数据;其次,根据收集的数据做出作业决策,决定施肥量、时间、地点;最后,需要机器来完成。这三个方面的工作仅凭人力是无法很好完成的,因此需要现代技术来支撑,也就是所谓的 3S 技术——RS(遥感,用于收集数据)、GIS(地理信息系统,用于处理数据)、GPS(定位系统),并且最终需要利用机器人等先进机械来完成决策。这两点结合即平时所说的农业信息化和农业机械化。全国目前推行的测土配方施肥工程就是精准农业的一例。测土配方施肥技术是指通过土壤测试,及时掌握土壤肥力状况,按不同作物的需肥特征和农业生产要求,实行肥料的适量配比,提高肥料养分利用率。2006 年 9 月,农业部测土配方施肥办公室发布消息表示,在测土配方施肥春季行动中,全国开展测土配方施肥工作的示范县达1020 个,投入财政资金近 1 亿元,培训农民 3000 多万人,落实测土配方施肥面积860 万公顷,减少不合理化肥施用 70 多万吨,节本增效 65 亿元。目前测土配方施肥的设备还比较复杂,需要每个县建一个测试站,农民自己做不了,以后的发展目标是开发便携式的仪器。

（二）精准农业的特点

精准农业技术体系是农学、农业工程、电子与信息科技、管理科学等多种学科知识的组装集成,其应用研究发展对推动我国基于知识和信息的传统农业现代化具有深远的战略意义。精准农业具有以下几个特征。

1.综合性

准农业涉及农业科学、电子学、信息学、生态学等多种学科的理论和技术,它的实施又需要各学科的单项技术、学科内的技术组合、学科间的技术组合才能完成其技术体系。因此,精准农业无论从指导思想、方法论、理论与技术基础,还是从各种单项与多项技术的集成上都需要有综合的思想和观念。

2. 地域性

不同地域的农业生产条件、技术水平、资源与环境条件不同,精准农业实施的重点和角度就不一样。我国具有多种多样的区域类型,有山区、平原、草原、沙漠、森林等陆地生态系统,又有湿地、滩涂、浅海等生态系统,区域不同,精准农业的实施千差万别。不同区域实施精准农业要依其区域特点选择适合的精准农业类型。按其代表类型区域,精准农业可划分为:山区精准农业、高产农区精准农业、滩涂区精确渔业、荒漠化区精准农业、草原区精确牧业、高原区精准农业等。

3. 渐进性

精准农业的实施受到技术水平的制约,而技术水平有一个逐步的、渐进的提高过程,因此精准农业不可能短期内实现,应是一个渐进的过程。再者,精准农业实施的对象也处于动态的发展过程,精准农业将随着其动态变化而变化。因此,精准农业的实施具有较强的渐进性。

4. 系统性

精准农业是一个复杂的农业生态系统,追求的是系统的稳定、高效,各组分之间必须有适当的比例关系和明显的功能分工与协调,只有这样才能使系统顺利完成能量、物质、信息、价值的转换和流通,因此系统性是精准农业的特征之一。在精准农业系统中涉及精确指标技术体系、资源环境技术、资源与变量投入技术、3S技术、智能化农机具、人工智能与自动控制技术、信息实时采集与传感技术、集成技术等,各组分或子系统既有合作又有分工,通过一定的关系发生相互作用,形成具有特定功能的有机整体。

5. 可操作性

精准农业必须要求具有一定的可操作性,也就是要落实到具体生产实践过程中。这种可操作性依据区域生态、环境与经济社会条件和技术水平的差异而不同。一般地,技术水平发展越高,区域社会—经济—自然复合生态系统结构越合理,可操作性越强。

（三）精准农业的优势

与传统农业相比,精准农业具有以下优势。

1. 减少水资源浪费

目前,传统农业因大水漫灌和沟渠渗漏,对灌溉水的利用率只有40%左右,精

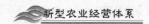

准农业可由作物动态监控技术定时定量供给水分,通过滴灌微灌等一系列新型灌溉技术,使水的消耗量减少到最低程度,并能获取尽可能高的产量。

2.合理施用化肥,降低生产成本,减少环境污染

精准农业采用因土、因作物、因时全面平衡施肥,彻底扭转传统农业中因经验施肥而造成的"三多三少"(化肥多,有机肥少;氮肥多,磷、钾肥少;三要素肥多,微量元素少),氮、磷、钾肥比例失调的状况,因此有明显的经济和环境效益。

3.节本增效,省工省时,优质高产

精准农业采取精细播种,精细收获技术,并将精细种子工程与精细播种技术有机地结合起来,使农业低耗、优质、高效成为现实。在一般情况下,精细播种比传统播种增产18%～30%,省工2～3个。

4.农作物的物质营养得到合理利用,保证了农产品的产量和质量

精准农业采用先进的现代化高新技术,对农作物的生产过程进行动态监测和控制,并根据其结果采取相应的措施。

二、国内外精准农业的研究现状

(一)国外精准农业研究及应用现状

美国是精准农业发展最早的国家之一,于20世纪80年代初提出精准农业的理念和设想,20世纪90年代初进入生产实际应用,部分技术和设备已经成熟,且取得了很大经济效益。目前,世界上精准农业的实践已涉及配方施肥、精量播种、病虫害防治、杂草清除和水分管理等有关领域,成为发达国家合理利用农业资源、改善生态环境和农业可持续发展的科学技术基础。但精准农业的意义已远远超出上述领域,它所引发的思维方式和农业生产经营理念的变革将产生长远而深刻的影响。世界上发达国家在纷纷投入大量人力物力从事产业开发的同时,还成立了专门的研究机构,并在大学设立相关的课程。

目前,美国的精准农业技术应用最广泛,主要用于甜菜、小麦、玉米和大豆等作物的种植,有60%～70%的大农场采用精准农业技术。欧洲各国也相继开展了精准农业的研究与实践,法国的联合收获机产量图生成及质量测定、施肥机械和电子化植保机械利用GPS和GIS系统进行变量作业已成为现实,并开始投入使用;英国、澳大利亚、加拿大、德国等国家的一些大学也相继设立了精准农业研究中心。

近年来世界上每年都举办相当规模的"国际精准农业学术研讨会"和有关装备技术产品展览会,已有大量关于精准农业的专题学术报告和研究成果见诸重要国际学术会议或专业刊物。以色列用水管理已实现高度的自动化,全国已全部实施节水灌溉技术,其中25%为喷灌,75%为微灌(滴灌和微喷灌);所有的灌溉都由计算机控制,实现了因时、因作物、因地用水和用肥自动控制,水肥利用率达到90%。近年来,日本、韩国等国家也加快开展精准农业的研究应用,并得到了政府有关部门和相关企业的大力支持。还有,诸如荷兰的无土栽培切花生产、日本的水培蔬菜生产、美国的生菜生产线、欧共体国家和北美国家的计算机管理奶牛场等均已基本实现了精准化。

(二)国内精准农业研究及应用现状

精准农业是一项新生的技术,在国内出现的时间很短。直到20世纪90年代中后期国内才有这一概念。随着信息技术飞速发展,精准农业的思想日益为科技界和社会广为接受,并在实践上有一些应用。例如,1992年北京市顺义区在1.5万公顷的耕地范围内用GPS导航开展了防治蚜虫的试验示范。在遥感应用方面,我国作为遥感技术大国,在农业监测、作物估产、资源规划等方面已有广泛的应用。在地理信息系统方面应用更加广泛,1997年,辽宁省用GIS在辽河平原进行了农业生态管理的应用研究;吉林省结合其省农业信息网开发了"万维网地理信息系统(GIS)";北京市密云县用GIS技术建立了县级农业资源管理信息系统;在智能技术方面,国家"863计划"在全国20个省市开展了"智能化农业信息技术应用示范工程"。这些技术的广泛应用为今后我国精准农业的发展奠定了一定的技术基础,但这些研究与应用大部分局限于GIS、GPS、RS、Es、DSS等单项技术领域与农业领域的结合,没有形成精准农业完整的技术体系。

精准农业的内容已被列入国家"863计划"当中,国家计委和北京市政府共同出资在北京建立了精准农业示范区:2000~2003年,我国在北京市昌平区建成北京小汤山国家精准农业示范基地。截至目前,中国科学院、中国农业科学院、中国农业大学、北京市农林科学院、上海市农业科学院、上海市气象局等单位都对精准农业展开了研究,已在北京、河北、山东、上海、新疆等地建立了多个精准农业试验示范区。总体上,国内精准农业仍处于试验示范阶段和孕育发展过程,但有些方面还是空白。在技术水平、经营管理和经济效益等方面,我国的精准农业与发达国家相比仍存在很大差距,还面临技术支持不足、信息收集系统不全、专家系统未完

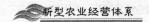

善、精准程度不高、应用条件不成熟等问题。

三、精准农业的原理与技术思想

（一）精准农业的原理

1. 系统学原理

系统学原理认为，对于一个由多个部分组成的复杂系统，各组分间的关系和结合方式对该系统整体的结构和功能具有重要影响。GPS、GIS、RS、智能分析决策系统、变量控制技术（Variation rate technology，VRT）等多种技术的有效组合，才能保证精准农业的实施，不同技术之间的合理衔接和协调，需要系统学原理来指导。

2. 工程学原理

精准农业涉及农业机械工程、农业工程、航空航天工程、计算机软件设计工程等多个方面，实施过程中，要结合工程学原理来开展，严格控制工程实施过程中的各个环节，不断优化工艺流程。

3. 生态学原理

精准农业最基本的出发点，就是基于生物的生长分布及其生存的资源环境存在较大的空间异质性这一生态学原理。生态学原理告诉我们，生态系统是由生物及其生存的环境组成的，具有一定结构和功能的复合体。在农业生态系统中，农作物（或牲畜等）的生长、发育和繁殖等生物学过程紧紧依赖于它们所生存生长的资源和环境，与农业生态系统中能流、物流、信息流三大循环密切相关。如何高效、经济地利用有限资源进行集约化农业生产，根据作物（牲畜）和资源的时空变异进行实时的监控、资源投入以及采取相应的生物技术措施已成为现代农业的主体。这种"对症下药"的农业思想即是"处方农业"（Prescriptive farming）的思想来源。

4. 信息学原理

任何存在的事物都以不同的方式包含自身所具有的一定量的信息，精准农业实施的基础是对田间与农作生长的有关资源与环境信息进行收集、传输、变换、分析、整理和判断，实现智能管理决策，并将信息和指令传输到智能农业设备上，完成相应农田农业操作。

5. 控制学原理

每一个过程都必须在精确的控制之下实施完成，控制学原理的运用就是要保证在 GPS、GIS、RS、传感与监测系统、计算机控制器及变量执行设备的支持下,完成随时间及空间变化采集数据;根据数据绘制电子地图,并经加工、处理,形成管理设计执行图件;精确控制田间作业等过程。

（二）精准农业的技术思想

精准农业技术思想的核心,是获取农田小区作物产量和影响作物生长的环境因素（如土壤结构、地形、植物营养、含水量、病虫草害等）实际存在的空间和时间差异性信息,分析影响小区产量差异的原因,采取技术上可行、经济上有效的调控措施,区别对待,按需实施定位调控的"处方农作",如图 4-1 所示。

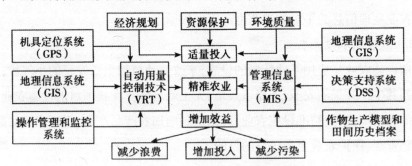

图 4-1 精准农业系统示意图

精准农业的核心理论是:基于田区差异的变量投入和最大收益。所有农业耕地均存在土壤差异和产量差异,通过 3S 技术（GIS、RS、GPS）可以及时发现作物生长环境和收获产量实际分布的差异性,获取农田小区作物产量和影响作物生长的环境因素（如土壤结构、地形、植物营养、含水量、病虫草害等）实际存在的空间和时间差异性信息,分析影响小区产量差异的原因,并对这种差异性给予及时调控,采取技术上可行、经济上有效的调控措施。区别对待,按需实施定位调控,从而优化经营目标,按目标投入,实现田区内资源潜力的均衡利用。精准农业是一种"处方农作",是对生产资源发挥最大效益获取最大生产潜力的一种现代农业形式。

精准农业要实现三个方面的精确:第一,精确定位,即精确确定灌溉、施肥、杀虫的地点;第二,精确定量,即精确确定水、肥、杀虫剂的施用量;第三,精确定时,即精确确定农事操作的时间。

四、中国精准农业发展的应用对策

（一）建立现代农业信息服务平台

目前,我国农业生产经营脱节,农业物资生产、供应、加工销售不能形成有机整

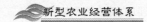

体,各环节盲目发展,最终导致农产品国际竞争力降低。因此,必须建立包含农作物品种、栽培技术、病虫害防治技术以及农业科研成果、新材料等方面在内的农业综合信息网络系统,实现农业资源的系统化、社会化、产业化。

（二）加强基础资料数据库建设

目前,国内各地各系统数据库建设进程不一,应用的空间数据库类型和采用的数据格式各异,内容不同、信息资源类别不全、数据更新时效不同等,都影响到精准农业技术的实施应用。统一全国数据库类型,做好基础地理、作物信息收集以及信息格式标准化工作,充分利用多年来建立的一些数据资料,实现数据资料的共享,建立以农业地理信息为平台的农业生产管理数据库。

（三）发展精准设施农业

所谓设施农业是应用某些特制的设施,来改变动植物生长发育的小气候,达到人为控制其生产效果的农业,如温室栽培、无土栽培等。在我国目前设施农业发展较快的地区推广、应用精准设施农业,可以达到增加农产品产出,提高农产品品质,节约水肥资源,保护农业生态环境的目的。

（四）发展节肥精准农业

化肥对粮食增产有50%的贡献率,在我国粮食生产中一直占有重要地位。但由于不合理的施肥结构和不科学的施肥技术,使我国粮食边际产量逐年降低,不仅浪费了资源,增加了农业生产成本,而且对生态环境造成负面影响。根据不同地区、土壤类型、作物种类、产量水平,实施精确施肥,因时、因地、因作物科学施肥,不但可以提高化肥资源利用率,还可降低成本,提高作物产量。

（五）发展节水精准农业

水资源短缺是中国许多地区农业生产的主要制约因素,据统计,我国农田灌溉水的有效利用率不足35%。因而,根据农田作物需水特点、适种条件和土壤墒情实施定位、定时、定量的精准灌溉,最大限度地提高田间水分利用率是我国农业资源利用的主要方向。在实施精准灌溉的过程中,必须正确处理以下几个关系。

（1）因地制宜选择农作物种类和品种,宜粮则粮、宜草则草,以提高水分利用效率为准。

（2）因地制宜选择灌溉方式及灌溉设施,促进水资源的良性循环和高效利用。

（3）正确处理开源与节流的关系,节流是精准灌溉的核心,合理调控利用当地水源是精准灌溉的灵魂。

（4）全盘贯彻工程节水、生物节水、农艺节水、化学节水与科学用水的关系。

（5）采用水价经济杠杆促进精准灌溉技术的发展，提高灌水利用率及利用效率则是精准灌溉的客观准绳。

（6）"巧用天水"是西部干旱半干旱地区精准灌溉的精髓，应大力推广"膜侧精播技术"及"集雨精灌技术"。

（六）加强精准农业试验示范工作

我国农田类型多样、农业基础薄弱、农村还相对贫困，因此，发展精准农业，实现农业信息化在科学上、技术上和农业基础设施建设上需要比发达国家做出更多努力。根据我国实际，引进必要的技术和装备，在不同类型地区建立试验示范点，探索精准农业规律和技术，摸索经验。在多点试验示范基础上，形成有中国特色的精准农业模式，并在部分地区率先实现实用化和产业化。

第二节　精准农业的技术体系

精准农业的核心是实时获得地块中每个小区（1平方米或100平方米）土壤、农作信息，诊断作物长势和产量在空间上差异原因，并按每个小区做出决策，准确地在每一个小区上进行灌溉、施肥、喷药，以及最大限度地提高水、肥和杀虫剂的利用效率，减少环境污染。

一、精准农业的支撑技术

空间信息、变量作业机械是精准农业的重要支撑技术。空间信息技术是指3S技术。精准农业的关键技术，是要实现农业机械的精确定位与变量作业，根据作物的需要作业。这些机械需要3S技术的支持，同时需要带有GPS的谷物联合收获机及带有GPS和变量作业处方图的变量播种机、变量施肥机、变量喷药机、土壤采样车等设备。

（1）带有GPS与测量谷物产量的传感器的联合收割机能绘制小区产量分布图。这些产量分布图反映了地块小区的差异。产量的差异是土壤、水分、肥力等差异形成的。

（2）农药、除草剂的大量施用，不但造成成本的提高和资金的浪费，而且直接危害人畜健康、污染农产品，污染环境和水质。因此，需要能够根据田间杂草及病

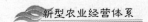

虫害分布实现精确定点喷药、减少成本和环境污染的自动控制施药机械与技术。

（3）变量施肥、播种机具能根据土壤肥力的不同，自动调节施肥量；根据土壤水分、土壤温度的不同，自动调节播种深度。

二、精准农业的技术体系

精准农业的实施必须运用成套的技术，包括：精确指标体系、生物技术、资源与变量投入技术（VRT）、资源环境技术、农业信息化技术、智能化农具、人工智能与自动控制技术、信息实时采集与传感技术、集成技术等。

精准农业以地理信息系统、全球定位系统、遥感技术（简称前"3S"技术）以及农业专家系统、决策支持系统、作物生长模拟系统（简称后"3S"技术）和变量投入技术为核心，以宽带网络为纽带，运用海量农业信息对农业生产实行处方作业的一种全新农业发展模式。前"3S"集成的作用是及时采集田间信息，经过信息处理形成田间状态图，该图反映田间状态（肥、水、病、虫、产量）的斑块状不均匀分布；后"3S"集成的作用是及时生成优化了的决策，它的支撑技术包括专家系统（知识模型）、模拟系统（数学模型）和决策支持系统（从多方案中优选或综合，得出决策）。决策的表述形式可以是农田对策图与指令IC卡，后者便于智能控制型新式农机田间作业执行，达到按需变量投入（种、水、肥、药等）。具体流程如图4-2所示。

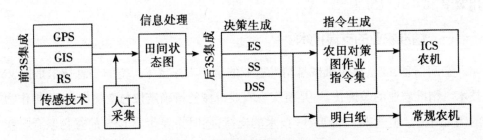

图4-2 大田精准农业农作技术体系

精准农业技术体系主要由信息获取技术、信息处理和分析技术、田间实施技术三部分组成。信息获取技术主要包括遥感技术、地理信息系统、全球定位系统和田间信息采集传感技术；信息处理和分析决策技术主要包括专家系统、决策支持系统和模拟系统；田间实施技术主要指变量投入农机。信息获取技术是前提和基础，信息分析和处理技术是关键，田间实施技术是核心。具体如表4-1所示。

表 4-1　精细农业技术体系

		农田环境及作物长势检测（分布状态图生成）		针对性投入决策生成（对策图生成）	对策的实施（精确作业及ICS装备）
大田	气象	气象仪，RS		数学模型（模拟系统SS）	灾害天气预报与减灾
	墒情	水分传感器，GIS，GPS			精确灌溉，变量供水系统
	肥料	土肥速测仪，GIS，GPS			精确施肥，变量施肥机
	农药	疫情测报，GIS，GPS		知识模型（专家系统ES）	精确植保，变量喷药机
	估产	产量传感器，GIS，GPS			精确收货，精确播种
设置	小气候	光照、温度、湿度、风速、CO_2传感及采集记录		决策支持系统（DSS）	设施专用ICS设备农业机器人
	墒情	墒情传感系统			
	肥料	作物营养检测系统			
	农药	疫情检测系统			

（一）全球定位系统（Global Positioning System，GPS）

精准农业的关键技术之一是实时动态地确定作业对象和作业机械的空间位置，并将此信息转变为地理信息系统能够贮存、管理和分析的数据格式，这就需要采用全球定位系统（GPS）。GPS是美国研制的新一代卫星导航和定位系统，它由24颗（目前为30颗）工作卫星和3颗备用卫星组成，分布在6个轨道面上，每12恒星时绕地球一周，可保证地球上任意点任意时刻均能接受4颗以上卫星信号，实现瞬时定位（GPS只是全球定位系统的一种，世界上还有中国的北斗导航系统，俄罗斯的格洛纳斯定位系统，欧盟的伽利略定位系统）。

GPS在精准农业上的作用包括：精确定位水、肥、土等作物生长环境的空间分布；精确定位作物长势和病、虫、草害的空间分布；精确绘制作物产量分布图；自动导航田间作业机械，实现变量施肥、灌溉、喷药等作业。为实现上述功能，需要将GPS接收机和田间变量信息采集仪器、传感器以及农业机械有机结合起来。安装有GPS接收机的农田机械及田间变量信息采集仪器，除了能够不间断地获取土壤含水量、养分、耕作层深度和作物病、虫、草害以及苗情等属性信息外,同时还同步记录了与这些变量相伴而生的空间位置信息,生成 GIS 图层,从而为专家决策提供基础数据。

（二）专家系统（Expert System，ES）

专家系统是一个能在特定领域内,以人类专家水平去解决该领域中困难问题的计算机程序。专家系统能通过模拟人类专家的推理思维过程,将专家的知识和经验以知识库的形式存入计算机,系统可以根据这些知识,对输入的原始实事进行复杂的推理,并做出判断和决策,从而起到专门领域专家的作用。专家系统一般由知识获取、知识库（包括数据库和模型库）、推理机和人机界面等几个部分组成。专家系统具有启发性、透明性、高性能性和灵活性等特点。遥感、全球定位系统和田间信息快速采集系统是精准农业实施的数据源，GIS 为这些信息源的贮存管理提供了软件平台。精准农业实施的关键在于利用这些海量数据,通过作物模拟模型和专家知识及经验等,针对田间不同作业区作物的生长环境,分析和决策出处方耕作、播种、灌水、施肥、杀虫、除草、收获等的作业方案,而完成以上任务主要靠专家系统,如图 4-3 所示。

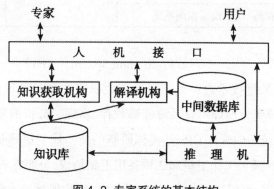

图 4-3 专家系统的基本结构

专家系统对精准农业的实施具体包括:

（1）营养、水分、病虫害等的诊断。根据采集到的作物单个植株（包括根、茎、叶、花、果）特征和群体特征,进行作物形态诊断、营养诊断、病害诊断、虫害诊断、水分亏缺诊断等,并找出其主要成因或"胁迫因子",最终给出解决问题的技术方案。

（2）推荐施肥、灌水、耕作等各种农艺措施的实施方案。根据作物对氮、磷、钾和各种微量元素的需求规律以及土壤养分含量状况,推荐作物精准施肥方案。根据作物的需水规律和降水量、蒸发量及土壤特性,推荐精准灌溉方案。根据光、热、水、土等作物生长环境的变化,预测预报作物病虫害发生的时间和空间分布,推荐预防办法和措施。

（3）确定作物种植结构和总体布局。将市场供求、交通运输、消费习惯等各种社会经济因素综合纳入作物种植专家系统中,对作物生产的宏观布局和种植结构提供决策支持。

（三）农田地理信息系统（Geographic Information Systems，GIS）

地理信息系统（GIS）是一个应用软件,是精准农业的"大脑",是用于输入、存储、检索、分析、处理和表达地理空间数据的计算机软件平台。它以带有地理坐标特征的地理空间数据库为基础,将同一坐标位置的数值相互联系在一起。地理信息系统事先存入了专家系统等带决策性系统及带持久性的数据,并接收来自各类传感器（变量耕地实时传感器、变量施肥实时传感器、变量栽种实时传感器、变量中耕实时传感器等）及监测系统（遥感、飞机照相等）的信息,GIS对这些数据进行组织、统计分析后,在一共同的坐标系统下显示这些数据,从而绘制信息电子地图,做出决策,绘制作业执行电子地图,再通过计算机控制器控制变量执行设备,实现投入量或作业量的调整。

在精准农业实践中，GIS的具体应用有:

（1）对GPS和传感器采集的各种离散性空间数据进行空间差值运算,形成田间状态图,如土壤养分分布图、土壤水分分布图、作物产量分布图等。

（2）对点、线、面不同类型的空间数据进行复合叠置,为决策者提供数字化和可视化分析依据。如不同作物由于其不同的生物特性对土壤类型、土壤养分、耕作层深度、水分条件、光热条件、有效积温等均有不同的要求,在进行作物种植规划和布局时,只需将上述各专题图层利用GIS的叠加功能,就可以快速、准确地确定出各种作物的最佳生物布局,如果再将市场、运输等社会经济条件专题图与上述作物种植最佳生物布局图叠加,就可进一步规划出作物的最佳经济布局。

（3）利用GIS的缓冲区分析功能,能直观地显示分析灌排系统的控制范围、水肥的有效渗透区域、病虫害的扩散范围以及周围环境对作物生长的影响范围等。

（4）利用GIS的路径分析功能,能够快捷地确定出农道、水系、机井等各种农业基础设施的最佳空间布局和机械喷施农药、化肥以及收获作物的最佳作业路线。

（5）与专家系统和决策支持系统相结合，生成作物不同生育阶段生长状况"诊断图"和播种、施肥、除草、中耕、灌溉、收获等管理措施的"实施计划"。

（6）利用GIS的数字高程模型（DEM），计算作业区的面积、周长、坡度、坡向、通视性等空间属性数值。

GIS主要用于建立农田土地管理、土壤数据、自然条件、生产条件、作物苗情、病虫草害发生发展趋势、作物产量等的空间信息数据库和进行空间信息的地理统计处理、图形转换与表达等，为分析差异性和实施调控提供处方决策方案。

农田地理信息系统包括GIS数据库和农田空间分析系统（作物产量空间分析软件、土壤养分空间分析软件、土壤水分空间分析软件、土壤微量元素空间分析软件、作物营养需求空间分析软件、环境空间分析及综合分析软件）。

（四）遥感技术（Remote Sensing，RS）

RS是指在一定的距离之外，不与目标物体直接接触，通过传感器收集被测目标所发射出来的电磁波能量而加以记录并形成影像，以供有关专业进行信息识别、分类和分析一门技术学科。卫星遥感具有覆盖面大、周期性强、波谱范围广、空间分辨率高等优点，是精准农业农田信息采集的主要数据源。

RS在精准农业中的应用主要包括以下几方面，如图4-4所示。

图4-4 遥感系统信息处理流程

（1）监测农作物长势和估算产量。植物在生长发育的不同阶段，其内部成分、结构和外部形态特征等都会存在一系列的变化。叶面积指数（LAI）是综合反映作物长势的个体特征与群体特征的综合指数。遥感具有周期性获取目标电磁波谱的特点，通过建立遥感植被指数（VI）和叶面积指数（LAI）的数学模型，可监测作物长势和估测作物产量。

（2）养分监测。植物养分供给的盈亏对叶片叶绿素含量有明显的影响，通过遥感植被指数与不同营养素（N、P、K、Ca、Mg等）数学模型，可估测作物营养素供给状态。研究表明，遥感监测作物氮素含量精度高于其他营养成分。

（3）水分亏缺监测。在植被条件和非植被条件下，热红外波段都对水分反应非常敏感,所以利用热红外波段遥感监测土壤和植被水分十分有效。研究表明,不同热惯量条件,遥感光谱间的差异性表现的最明显,所以通过建立热惯量与土壤水分间的数学模型,即可监测土壤水分含量和分布。干旱时由于作物供水不足,生长受到影响,植被指数降低,蒸腾蒸发增强,迫使叶片关闭部分气孔,导致植物冠层温度升高,通过遥感建立植被指数和作物冠层间数学模型,则可监测作物水分的亏缺。

（4）农作物病虫害监测。应用遥感手段能够探测病虫害对作物生长的影响,跟踪其发生演变状况,分析估算灾情损失,同时还能监测虫源的分布和活动习性。

（5）地面光谱监测。运用多光谱遥感信息（红外波段）,监测土壤水分变化。

（五）作物管理决策支持系统（Decision Support System, DSS）

作物生产管理计算机辅助决策支持系统（DSS）,是应用计算机信息处理技术,综合现代农业相关科学技术成果,制定作物生产管理措施,实现处方农作的基础,也是实现"精准农业"技术思想的核心。一个完整的作物生产管理决策支持系统,包括作物系统模拟模型组成的模型库、支持模型运算和数据处理的方法库、储存支持作物生产管理决策和模型运算必需的数据库、反映不同地区自然生态条件等作物栽培管理经验知识和具有知识推理机制的专家知识库,以及作物生产管理者参与制定决策和提供知识咨询的人机接口等,如图4-5所示。

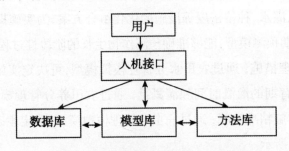

图4-5 决策支持系统的基本结构框架

基于作物模拟模型和农业专家系统的作物生产管理决策支持系统（DSS）能根据作物生长、作物栽培、经济分析、空间分析、时间序列分析、统计分析、趋势分析以及预测分析等模型,综合土壤、气候、资源、农资及作物生长有关数据进行决策,结合农业专家知识,针对不同农田管理目标制定的田间管理方案,用于指导田间作业。

（六）变量控制技术（Variation Rate Technology, VRT）

VRT是指安装有计算机、差分全球定位系统DGPS等先进设备的农机具,根据它所处的耕地位置自动调节物料箱里某种农业物料投入速率的一种技术。VRT系统可以应用于像小颗粒状或液体肥料、杀虫剂、种子、灌溉水或多至10余种化学物质混合而成的药剂等多种不同的物质。变量投入系统通常主要包含流动作业机具、调节实际物流速率的控制器、定位系统和对应耕地的理想物料应用描述图。在传统的机具上，操作者通常通过观察仪表板来控制物料的投入速率。而在集成有GPS和GIS的机具上，投入速率可以随机具的移动而自动地进行改变。

变量投入的关键是智能农业机械的研究制造和应用，变量施肥机、变量灌溉机、变量农药喷施机、变量播种机以及变量联合收割机目前在发达国家精准农业生产中已被广泛使用。智能变量农机研究和生产在我国才刚刚起步，与发达国家还有相当大的差距。这种差距主要表现在GPS与农业机械的集成、GIS与农业机械接口软件的开发、农田信息实时采集的传输及作业传感器的制造等方面。

（七）模型模拟系统（Simulation Model System，SMS）

模型模拟系统是以农业生产对象生长动力学为理论基础，以系统工程为基本方法，以计算机为主要手段，借助数学模型，对农业生产系统中生产对象的生长发育及产量形成与外界环境的变化进行动态仿真，并用于对各种农业生产过程进行指导和研究的计算机软件。通过作物生产潜力的模拟，可以筛选出适宜本地的品种、播期、施肥、灌水、种植密度等措施的优化组合方案，为实施提供前期准备工作；通过作物生育期预测模型，能够准确预测作物生长的阶段性过程，便于实施过程中采取相应的管理措施；通过农田水分管理模拟模型，可决定实施过程中不同生产单元在不同生育期的灌溉时间和灌溉量；通过农田养分管理模拟模型，结合土壤肥力分布图，实施精准施肥；通过病虫草管理模拟模型，确定生态经济杀除阈值与阈期，如图4-6所示。

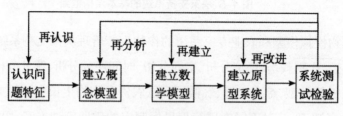

图4-6 农业模型构建的五个阶段

（八）田间变量信息采集与处理技术（Farming Data Acquired Technology）

田间信息采集技术利用传感器及监测系统来收集当时当地所需的各种数据

（如土壤水分、土壤含 N 量、pH 值、压实、地表排水状况、地下排水状况、植冠温度、杂草、虫情、植物病情、拖拉机速度、降水量、降水强度等），再根据各因素在作物生长中的作用，由 GIS 系统迅速做出决策。

（九）收获机械产量计量与产量分布图生成技术（Yield Mapping Systems）

农作物收获过程中的产量自动计量传感器是精准农业田间产量信息采集的关键技术。产量分布图记录作物收获时产量的相对空间分布，收集基于地理位置的作物产量数据及湿度含量等特性值。它的结果可以明确地显示在自然生长过程或农业实践过程中产量变化的区域。

产量分布图揭示了农田内小区产量的差异性，下一步的工作就是要进行产量差异的诊断，找出造成差异的主要原因，提出技术上可行、按需投入的作业处方图，把指令传递给智能变量农业机械实施农田作业。

（十）智能化变量农作机械（Intelligent Farm Machinery）

主要包括施肥、喷药、播种和灌溉等农业机械。如安装有 GPS 及处方图读入装置的谷物播种机（调节播量、播深）、变量施肥机（自动调控两种肥料比例和肥量）、变量喷药机和变量喷灌机（自动调节喷臂行走速度、喷口大小和喷水水压）。

第三节　精准农业的技术实施

精准农业的实施需要多项先进技术的支持，在确保技术支持系统无误之后，还要保证精准农业的技术顺利实施。

一、精准农业模式的实施

精准农业是先进的农业生产模式，其整个操作过程包括如下几个主要内容。

第一，在第一年收获时，利用带 GPS 和产量传感器的联合收割机，获得农田小区内不同地块的作物产量分布，将这些数据输入到计算机，可获得小区产量分布图。分析产量分布图，可获得小区作物产量分布的差异程度。

第二，根据产量分布图，对影响作物生产的各项因素进行测定和分析，如前所述的土质、土壤耕作层深度、土壤含水量、肥料施用、栽培情况、虫害、病害、杂草等，将所有这些数据输入计算机，利用 GPS 系统，对照产量分布图，结合决策支持系统，确定产量分布不均匀的原因，并利用相应的措施，生成田间投入处方图。

第三,根据田间投入处方图,生成相应农业机械的智能控制软件,根据按需投入的原则实施分布式投入,包括控制耕整机械、播种机械、施肥机械、植保机械等实施变量投入。

第四,在第二年收获时,再按上述过程,并根据产量分布图,分析农田小区总产量是否提高,小区内作物产量差异是否减小,然后产生新的田间投入处方图。如此经过几次循环,即可达到精准种植的目的。

二、精准农业技术的实施

从精准农业模式的实施步骤中可以看出,精准农业技术实施主要包括三个方面的内容:信息采集、信息处理和田间变量实施,它们之间的相互关系如图4-7所示。

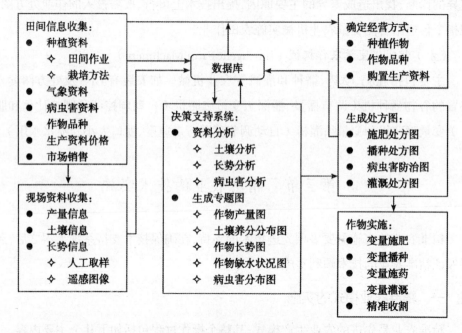

图4-7 精准农业模式实施流程图

精准农业实践的五条规则包括:按正确的时间、以正确的数量、在正确的地点、用正确的方式、正确利用投入(营养、水、劳动、技术、成本等),实施基于空间与实践差异性的农业生产系统的科学管理。

(一)数据采集

精准农业通过产量测定、作物监测以及土壤采样等方法来获取数据,以便了解整个田块的作物生长环境的空间变异特性。

1. 产量数据采集

带定位系统和产量测量设备的谷物联合收割机,在收获的同时,每隔一定时间记录当地的产量,记录数据以文本形式(经度、纬度、产量和谷物含水量)存储在磁卡中,然后读入计算机进行处理。

2. 土壤数据采集

详细的土壤信息是开展精准农业工作的重要基础。通过机载式自动取土钻,配合 GPS 获取土壤信息(土壤含水量、土壤肥力、土壤有机质、土壤 pH 值、土壤压实、耕作层深度等)。

3. 作物营养监测

通过基于地物光谱特性的多光谱及高光谱遥感技术可以快速、自动化、非破坏性地获取作物营养成分信息。

4. 土壤水分监测

通过水分传感器(如时域反射仪 TDR、中子仪等)实时监测农田土壤水分含量,作为农田水分管理与灌溉决策的依据。

5. 苗情、病虫草害数据采集

利用机载 GPS 或人工携带 GPS,在田间行走中随时可定位,记录位置,并记录作物长势或病虫草害的分布情况。近年来,随着近红外(NIR)视觉技术、图像模式识别、多光谱识别技术的发展,有关苗情、杂草识别快速监测仪器不久将被研制出来,并投入使用。

6. 其他数据采集

如地形边缘测量,一般利用带 GPS 的机动车或人工携带 GPS 在田间边界行走一圈,就能将边界上的点记录下来,经过平滑形成边界图。另外,还要获取近年来的轮作情况、平均产量、耕作情况、施肥情况、作物品种、化肥、农药、气候条件等有关数据。这些数据将用于进行决策分析。

(二)差异分析

通过计算机技术,将采集到的带有 GPS 信息的数据,用一些数学方法进行数据信息处理,得到变量控制信号,来指挥操作机械,实施精准农业。

1. 产量数据分布图

对连续采样获得的产量数据,使用平滑技术(通常使用移动平均法)来平滑数据曲面,以消除采样测试误差,清晰地显示区域性分布规律和变化趋势,再通过

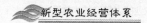

聚类分析生成具有不同产量区间的产量分布图。

2. 土壤数据分布图

对一个田块进行多点采样、分析,用 GIS 存储取样点的土壤信息,计算得出田间肥力分布图,用以反映这一田块肥力的不均匀性,并以此图作为推荐施肥的基础,来解决同一地块内不同区域中进行不同用量、不同配方的肥料施用问题。

3. 苗情、病虫害分布图

苗情与病虫害分布数据的处理一般采用趋势面分析,即用某种形式的函数所代表的曲面来模拟该信息的空间分布。数据采集未来的发展趋势是数据采集和数据分析统一起来,将田间观测者的地理位置和田间观测数据通过便携式计算机和天线发往办公室计算机,利用软件自动生成田间数据分布图。

(三)处方生成

GIS 用于描述农田空间上的差异性,而作物生长模拟技术用来描述某一位置上特定生长环境下的生长状态。只有将 GIS 与模拟技术紧密地结合在一起,才能制定出切实可行的决策方案。二者结合可按以下三种形式操作:一是 GIS 和模拟模型单独运行,通过数据文件进行通信;二是建立一个通用接口,实现文件、数据的共享和传输;三是将模拟模型作为 GIS 的一个分析功能。

GIS 作为存储、分析、处理、表达地理空间信息的计算机软件平台,其空间决策分析一般包括网络分析、叠加分析、缓冲区分析等。作物生长模拟技术是利用计算机程序模拟在自然环境条件下作物的生长过程。作物生长环境除了不可控的气候因素外,还有土壤肥力、墒情等可控因素。GIS 提供田间任一小区、不同生长时期的时空数据,利用作物生长模拟模型,在决策者的参与下,提供科学的管理方法,形成田间管理处方图,指导田间作业。

(四)控制实施

精准农业技术的目的是科学管理田间小区,降低投入,提高生产效率。精准农业实现的关键是农业机械的变量控制,在 3S 技术支持下得到的信息经过一系列处理后,将会形成变量控制信息,最终控制农业机械,实施变量管理。

先进的农业生产技术的大面积、大规模实施,只有通过先进的农业机械才能实现。将信息技术、网络概念、人工智能等技术引进到农业机械的开发和设计中来,形成智能控制农业机械。目前作为支持精准农业技术的农业机械设备,除了带有定位系统和产量测量的联合收割机外,按处方图进行作业的农业机械还有:带有定位系统和处方图读入设备,控制播深和播量的谷物精密播种机;控制施肥量的施肥机;控制剂量的喷药机;控制喷水量的喷灌机;控制耕深的翻耕机等。

　　智能化农业机械主要由信息采集系统、决策判断系统和控制执行系统三部分组成。利用各类传感器采集环境信息或作物信息,决策系统要先输入关于农艺、土壤、作物、管理等方面的数据作为进行系统决策的依据,将采集到的实时信息输入系统,经过处理后做出决策,传输到智能化农业机械进行控制实施。例如,当驾驶拖拉机在田间喷施农药时,驾驶室中安装的监视器显示喷药处方图和拖拉机所在的位置。驾驶员监视行走轨迹的同时,数据处理器根据处方图上的喷药量,随时向喷药机下达命令,控制喷洒。

第五章　我国农产品营销方式的创新

由于农产品具有生产地域性和消费普遍性的特点,因此对营销渠道具有很高的要求。这就需要我们必须要创新农产品的营销方式,拓宽农产品销售渠道,在确保人们能享受到新鲜农产品的同时,还能保证农民的收入,一举多得。

第一节　农产品直接营销

直接营销可以说是所有营销方式中运用最早的方式,随着社会的不断发展,市场环境和人们生活方式的不断变化,这种销售方式也在不断地发展。

一、农产品直接营销概述

（一）农产品直接营销的定义及特点

农产品直接营销指的是,生产厂商不经过中间环节,将产品或服务直接出售给消费者或用户的营销方式。在所有的农产品中,采用直接营销方式的有很多,其中最为突出的是鲜活农产品的销售。例如,从事蔬菜种植的农户将新鲜蔬菜直接卖给消费者,从事畜牧养殖的农户会在农贸市场上直接出售自己养殖的肉、蛋、奶等产品;从事农产品加工的企业,会直接向生产者订购产品,或是一些消费者会直接到农产品的产地直接去购买自己所需要的产品,还有的一些人会直接到田地里进行采摘;一些农户会将生产出来的农产品直接送到饭店、旅馆等地方,或是生产者会利用网络等方式与客户达成交易协议等,这些都是直接营销的形式。

农产品直接营销的特点主要表现在以下几方面。

（1）农产品商品只通过一次转移就完成其流通的过程,商品的使用权是从生产者直接转移到消费者或最终用户的手中的。

（2）是一种零层销售渠道,不存在中间环节,起点是生产厂家,终点是用户,这样就降低了销售环节的成本。

（3）将商品直接销售给用户的员工是由生产家直接派出的人员或是厂家的销

售代表,不仅销售的商品归生产厂家所有,并且这些人员本身也受雇于或隶属于生产厂家,便于管理。

（4）减少了销售费用的支出,厂家能够获得全部的销售收入和利润,消费者所获得的商品价值基本上来自生产厂家的全部生产成本,因此价格相对便宜。

（二）农产品直接营销的优缺点

1. 农产品直接营销的优点

（1）生产者会同产品的使用者和消费者产生直接的接触,有利于企业产品生产和服务的不断改进,有助于控制企业产品的价格。

（2）避免了多次倒手、层层加价、多次搬运,能够有效降低产品的营销成本和销售价格,因此在同类产品市场中有一定的价格优势。

（3）加快货款的回收,从而加快企业的资金周转。将农产品直接销售给加工企业或用户,能够快速回收资金,用于企业的再生产,避免三角债现象的发生或资金长期留存在流通环节中,从而提高资金的周转效率。

（4）可以吸收就业。直销的销售方式,可以吸收大量的人员从事此项工作。想要大规模发展农产品的直销,就必须要有一个庞大的直销团队。这些从事直销的员工不受任何年龄、文凭、性别、投资能力等因素的限制,大多数下岗失业人员或是农村剩余劳动力,经过一定的培训就可以直接胜任这份工作。这样就能够使一部分劳动力从生产领域进入流通领域,有助于促进一部分剩余劳动力就业。

（5）满足消费者的特殊需求。观光旅游农业发展的目的就是充分利用农业资源的各项服务,来满足消费者回归自然、休闲度假、旅游观光的特殊需求。其中很多农产品都具有新、优、特的特点,因此在对这些产品进行直销时,企业可以对其进行全面而的介绍,让消费者能够充分了解其特点,并逐步得到消费者的认可,这样就可以不断扩大产品的销路。

2. 农产品直接营销的缺点

（1）在直销中产生的市场风险全部都要由生产者独自承担。在激烈的市场竞争中,价格会在较短时间内产生大幅度的波动,这样就会产生供求方面的风险。价格风险是市场经济所固有的,再加上农产品生产周期长的特点,使得本就变化莫测的市场更加难以掌握,因此从事农产品生产的企业将会面临更大的风险。

（2）生产者承担产品的所有流通职能,增加企业流通费用的支出。生产者不仅要承担生产费用,而且还要承担谈判费、咨询费、摊位费等销售费用,除此之外还

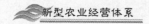

有直销人员的费用。

（3）由于企业产品所面向的消费者分散在各个地方，不易集中，因此直销员就无法让产品接触到更多的消费者，不利于提高企业的市场占有率。甚至在企业使用的销售方式不当时，还会导致产品销路的不畅。

从上述内容中可以看出，直接营销的销售方式如果运用得恰当，就可以充分发挥其优势，提高企业的经济效益。但是事物却是一分为二的，因此在企业的实际营销活动中，多种营销方式并用，才能保证企业获得更好的效益。

二、农产品订单直销

（一）农产品订单直销的定义

订单直销指的是，由农产品加工企业或最终用户与生产者安排生产之前，直接签订购销合同的直销形式。市场经济条件下，竞争压力大，市场环境瞬息万变，导致很多农产品如粮食、蔬菜、畜产品等销售状况不容乐观，影响了企业的生产效益和农民收入。如果农产品的生产者能够提前进行市场调查，然后根据市场实际需求的订单来安排生产，将农产品的销售逐步推上"订单"农业的道路。这样不仅有利于农业结构的调整，加快农业产业化进程，并且还解决了农产品的销售问题，为发展产销对接奠定了良好的基础。

在当前的市场环境中，很多农产品都已经采用了订单直销的方式，如蔬菜订单销售，水果订单直销等，减少了流通环节和流通费用，使果蔬流通更加活跃，促使果农不断提高水果的质量，大力发展优势水果品种，树立自己的品牌。

（二）农产品订单直销的优缺点

1.农产品订单直销的优点

实行订单农业，要先确定订单，然后再进行生产，这样就能够使农产品的生产和流通产生滚动效应，从而充分发挥市场的引导生产，让销售带动基地生产，产生一定的积极作用，有力推动了农业产业化发经营。从当前我国订单直销的发展来看，其具有形式多样化的特点，不仅订单直销运用的范围广，如种植业、林果业、畜牧业等多项产业，并且下单企业所涉及的地域也比较广泛，如加工企业、公司或农业的龙头企业等。签订的订单合同时间并不是固定的，有长有短，种植业合同大多是一年，奶产品收购合同多数是三五年甚至更长，而林果业的合同有一年期的，也有五年期的。订单农业的发展受到农业生产者的热烈欢迎。

2. 农产品订单直销的缺点

（1）合同不规范，规定不具体。

所签订的农产品订单，由于在收购标准、收购时间、技术保证单位、违约后的处罚等方面规定得不清楚、不具体，因此给违约的下单企业或农户留下可乘之机。对于下单企业来说，由于农产品的生产周期较长，市场形势变化快，因此难以对市场有一个正确而全面的把握。遇到丰收的年份，为了降低成本，企业就会产生收贱不收贵的想法，做出缓期延收拖收、压级压价或直接撕毁订单等坑农害农的行为。对于生产者来说，农民在法律、合同方面的观念比较淡薄，甚至很多的农民都没有意识到自己也是合同签约的一方，负有保质保量照单供货的义务，进而影响了合同的正常履行。

（2）缺乏科学的调查和论证，盲目签订订单。

很多地方的乡镇政府会帮助当地的农民签订订单，本来目的是为了牵线搭桥，为农民提供更好的服务，但是由于没有对市场进行认真的调查研究，因此导致合同不规范，使生产出来的农产品无法进行销售。

（3）政府代农民签约。

还有的一些地方，是当地的政府在帮助农民做了市场调查之后，就代农民直接进行了签约，或是有些农民委托政府为代表与下单单位签订订单，这种情况就在合同的执行过程中产生了很多的问题。政府作为签约的一方，会在协调产销双方利益关系、承担违约责任方面处于被动的地位，并且按照《合同法》《担保法》的相关规定，政府实际上并不具有法人和担保的资格。

（4）农产品质量不合要求，技术水平低。

在通常情况下，订单直销对农产品的质量都有很高的要求，因此只有走科技兴农的道路，在品种选择、管理措施、栽培技术、产品的包装等方面包含有较高的科技含量，才能实现订单农业的顺利发展。但是在当前情况下，很多的生产者都只是注重产品的数量，而忽视了产品的质量，精品的数量太少，甚至于有时质量根本不能达到用户的要求；还有的生产者由于农产品包装、贮运技术设备落后而影响了农产品的质量；由于农业生产的安排不够合理，受季节性的影响很大，因此在生产淡季无法满足订单的需求量。这些因素都会对订单农业的发展产生不同程度的制约作用。

三、农产品零售直销

（一）零售直销的定义

农产品零售直销指的是，生产者在田间、地头、农贸市场直接将一些鲜活的农产品如蔬菜、水果、水产品等出售给消费者，或是直接将农产品送到客户（旅馆、饭店）手中。在零售直销方式中，生产者和消费者都处于一种主动的地位，这不仅能够保证生产者的收入和消费者的合理支出，并且还能保证农产品的鲜活性，降低产品的损耗。零售直销的方式对生产者的要求较高，其要具备一定的销售能力和承担市场风险的能力，只有这样才能保证自身能够获得一定的利润，减少市场对自身的冲击。

（二）农产品零售直销应注意的问题

1.农贸市场的建设是发展农产品零售直销的基础

农贸市场指的是能够满足消费者生活必需的农产品交易的市场，各种各样的粮食、蔬菜、水果、肉食、禽蛋、水产品等都在农贸市场中进行交易。其中的农产品有的是直销，也有的是中间商经销，但无论是哪种形式，都需要有一个良好的环境来保证农产品交易的顺利实现。因此，无论是农贸市场的位置、布局或是公共设施的建设都要认真地对待，因为这些因素都会对商品的交易产生一定的影响。

国内的大多数农贸市场设施都比较简陋，缺少必要的综合配套设施，没有形成规范性的、交易顺畅的买卖场所，甚至还有的市场连交易大棚设施都没有，并且交易的方式和手段也都较为原始，这都会对农产品的交易产生直接的影响。在这种情况下，想要促进农产品销售的不断发展，就一定要加强农贸市场在硬件和软件方面的建设。要投入一定量的资金，对农贸市场的基础设施进行改造，加大对农畜水产品质量监督检测系统建设的力度，保证农贸市场设施的配套，实现规范交易，最终提高市场的收益。

2.要注重农产品的质量，维护企业的信誉

所谓的产品质量，实际上就是产品的使用价值，只有保证农产品的质量，才能够保证产品有足够的竞争力，从而顺利实现产品的销售，充分满足消费者的需求。农产品的质量在不同的时代、不同的地域以及不同的国情、民情、民俗下都会有不同的开发标准。例如，南方人喜欢且习惯吃籼米，而北方人却认为籼米太素，但必须保留籼米的生产基地。

　　随着社会经济的不断发展,人民生活水平的不断提高,消费水平和消费习惯都会发生很大的变化,尤其是随着买方市场的形成,消费者对产品的质量要求就更高了。例如,原来冬天大家都是成堆地买大白菜,直接向附近菜农定购,或由农民直接送到家。现在大白菜已经不再是人们唯一的选择了,因此很难进行扩大销售。

　　3. 借助于中介组织,发展农产品零售直销

　　为了帮助解决农产品销售困难的问题,各地出现了很多中介组织。这些中介组织能够帮助农民开拓市场,疏通销售渠道,引导农民顺利进入销售市场。中介组织还会经常派营销人员,奔赴全国各地了解各地农产品的市场价格信息,从而能够为农民提供准确的市场信息,帮助其选择最佳的销售市场。

　　4. 信息反馈及时,是农产品零售直销的关键

　　市场信息瞬息万变,因此只有及时了解市场的行情和信息,并且反馈给生产者,才能顺利实现产品的销售。中介组织或营销大户都会有自己专门的市场调研人员,他们基本上掌握了市场上全部的信息变化。这些信息能够帮助生产者进行正确的项目决策,保证其在市场竞争中占据一个有利的地位。一些自己有条件、有能力的农民还可以通过网络的方式进行市场信息的查询,及时了解各地有关产品的需求状况,也可以通过网络直接进行农产品的销售,从而扩大产品的销售范围。

四、农产品观光采摘直销

(一)观光采摘直销的定义

　　观光采摘直销指的是,通过游客观光、采摘、垂钓等方式,直接推销自己的农产品和服务的一种直销形式。

　　观光采摘农产品的价格比传统农产品的价格要高出很多。例如,2014年北京市顺义区北石槽镇的鲜杏采用的是传统的销售方式,最后的纯利润是24.52万元,而在2015年改为了观光采摘加传统的销售方式,使得单价和销售量都得到了明显的提高,最终获得的纯利润达到了53.73万元。再如,北京市顺义区李桥镇新世纪梨的市场零售价格最高是5元/千克,而采摘价则达到了20元/千克,整整比市场价高出三倍。除农产品的采摘收入外,采摘园内提供的各种服务所获的收入也是相当可观的。根据北京市的一项调查资料显示,近年来郊区观光农业得到了进一步的发展,服务的内容更加丰富多样,从而使园区取得了良好的社会效益、经济效益和生态效益。到目前为止,观光农业项目已达到了1589项,全年接待的游客达到了2856万人次,观光农业总收入达到了17亿元。农产品观光采摘的方式

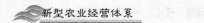

不仅为农村经济带来了新的活力,并且促进了京郊农村产业结构的调整,提高了农民的收入,大力推进了北京生态环境产业的建设和发展。

(二)农产品观光采摘直销的优缺点

1.农产品观光采摘直销的优点

观光农业是一种以农业和农村为载体的新型生态旅游业,其具有投资小、见效快的优点,对于提高农民的收入具有重要的作用。随着我国农业产业化的不断发展,农业不再仅仅具有生产的功能。其改善生态环境质量,为人们提供观光、休闲、度假的生活性功能也在被开发出来。随着经济的发展,人们收入增多、闲暇时间的增多,生活节奏加快,竞争的日益激烈,对于旅游产生了更加迫切的渴望,尤其是希望能够在传统、休闲的农村环境中放松自己,回归自然。伴随着人们需求的不断增强,自然观光、吃农家饭、住农家屋、做农家活等项目也随之出现,并且成为新的消费热点。

观光农业主要就是以"绿色、休闲、参与、体验"为特色,为游客提供观赏、烧烤、垂钓、采摘、狩猎、制作标本等各项服务,使得农产品与服务在各种休闲活动、参与项目的过程中就被直接消费,这种直销方式是同观光农业这种新兴的产业紧密联系的,也可以说是观光农业的产物。有了观光农业,才能够为游客提供各种服务,游客才会消费这种服务和农产品。反过来,这种直销方式的不断发展和完善,也推动观光农业的发展。

2.农产品观光采摘直销的缺点

(1)季节性制约观光农业的发展。

农业具有明显的季节性,因此观光农业的发展同样需要面对这个问题。在通常情况下,由于夏、秋两季农业生产比较丰富,因此吸引的游客较多。而到了淡季时,很多农作物都过了生长的季节,因此门庭冷落,造成了资产的大量闲置和浪费。除此之外,游客前来的时间也不均衡,大多都是集中在周末,这就给观光农业的发展带来很大的困难。

(2)单纯模仿,缺乏活力。

当前我国观光农业的项目发展还处于初级阶段,在观光果园、垂钓园、森林公园方面开发得相对较多,活动的设计上都是大同小异,只是让游客在温室、果园、鱼塘内自行采摘、垂钓;有的只是为游客提供餐饮和住宿,活动形式比较简单,缺乏园区独有的特色,各项目之间相互模仿、缺乏创新。很多园区都没有经过科学的规划和市场调查,也没有进行一定的可行性论证,只是看到了他人所获取的利益,因此而建设了另一家采摘园。园内设施简陋,服务质量不高,所吸引游客的数量也有限。

（3）缺乏有力的政策支持。

观光农业是进行农业结构调整的一个有效途径,政府应该为观光农业发展提供良好的政策环境,并且给予足够的重视和支持。但是当前没有专门的主管部门对观光农业的发展进行具体的管理、检查与指导,这就导致了观光农园的发展缺少宏观上的调控,以至于很多观光园的建设虎头蛇尾。

（4）缺乏合理的规划与布局。

很多观光园内的游览项目众多,布局随意、散乱,这就造成了各项目之间的竞争加强。根据国外的研究表明,农业旅游区在半径 29.5 千米的区域范围才能够获得最佳的经济效益。以北京地区的观光农园为例,平均每个农业项目的密度为 0.09 个 / 平方千米,也就是说,平均每个观光农业项目只有 11.52 平方千米的范围。这样每个项目的市场范围就变得很小,再加上农园管理缺乏创新,不能够吸引更多的游客前来参观、旅游,因此最后获得的经济效益也不能达到预期的目标。

第二节 农产品间接营销

农产品间接销售指的是,将农产品的生产者与消费者连接起来的中间商,包括取得产品所有权或帮助转移产品所有权的企业或是个人,具体有包括分销渠道的分销商和代理商。根据是否具有经营权来判断,可以分为独立的中间经营供应商或代销商;根据属于消费市场还是产业市场来进行区分,前者还可以分为批发商和零售商,而后者也可以分为批发代理商和销售代理商。

一、农产品间接营销的特点

（一）灵活性

间接销售的方式可以将产品与市场紧密地结合在一起,专门从事营销的人员,对市场和产品的变化都有比较全面的了解,因此可以及时对销售方式和策略等进行调整,以获得更高的收益。

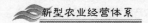

（二）高效性

如果产品的生产者想要直接对顾客进行销售，那么就需要在每一个时间或空间去寻找适当的消费者；但如果生产者是将产品出售给制造商，那么就可以达到批量加工的效果。例如，花生在经过加工以后可以得到花生食用油，这样从事花生种植的农户就可以实现批量销售，获得更多的利润。但是，如果花生只是小批量生产，只能直接供给那些花生的消费者，那么农户再去寻找消费者，并且同他们每个人联系的过程就会显得相当困难，因此就可以将这个过程交给专业人员来完成。

（三）主动性

和那些农产品的生产者来比较，间接销售农产品拥有更多的主动权，可以利用与市场直接联系的优势，直接要求生产者生产农产品的品种、数量、质量、规格和档次等，这样就可以掌握市场的主动性，将自己置于市场的有利地位。

（四）专业化

中间商需要从事大批量产品的经营活动，因此必须要具备相应的专业素质，对其所经营的农产品有深入的了解，这样才能降低中间商面临亏损的风险。例如，对于海产品的经营者来说，其必须要掌握大批海产品在储藏、运输和操作等方面的要领；而对于蔬菜水果的经营者来说，则要掌握其在收获、包装、储藏、运输等方面的专业技术。由于农产品具有明显的季节性和周期性，因此单一的农产品没有必要进行专门化的市场经营，中间商也会面临专门的经营人员、设备、流程、对象等资源所造成的困扰。

（五）规模效益

中间商从自身的实力出发，选择合适的合作者，从而形成大规模的集团经营，这样就能够买卖大批量、多品种的农产品，获得更大的规模效益。与此相对应的是，实行多样化的生产者再实行规模化是相当困难的，其必须要具备各种条件。例如，山东大蒜的生产基地，如果采用的是多样化的生产，是不会有现在这样的成就的。

二、农产品间接营销的形式

（一）农产品代理商

代理的定义可以分为狭义和广义的两种。狭义的代理指的是直接代理，包括委托代理、法定代理和指定代理；广义的代理指的是，代理人以自己或被代理人的名义,代理被代理人与第三人实施民事法律行为,其后果直接由被代理人承担。农产品代理商指的是,接受农产品生产者或农产品经销部门的委托,从事农产品交易活动的组织或个人。农产品代理商的责任是争取顾客或代表买卖方完成交易,而没有商品所有权的中间商。

1.独家代理与多家代理

独家代理指的是,在指定地区和一定的期限内,享有代购代销指定商品专营权。独家代理人单独代表委托人进行相关的商业活动,委托人在该地区内不得再委派其他的代理人。

多家代理指的是,某家代理商不具有某一地区产品的独家代理权,各代理商之间没有代理区域的划分,全部都为厂家签订订单,没有"越区代理"的说法,厂家也可以在各个区域进行产品的直销和批发等。这种代理商的营销方式通常都是通过产品的品牌、声誉和市场的影响力来具体实行,因此代理商自身其实并没有多大的营销能力,而是主要依靠产品市场影响力来实现畅销。当前多家代理已经引入了市场竞争机制,这样就使企业获得了主动地位。

如果企业采用的是独家代理,而代理商不配合企业的行动,或是代理商本身的营销能力欠缺,那么企业就会无计可施。但是,如果企业采用的是多家代理的形式,那么企业就不必只依靠其中的一家代理商,若某一家代理商没有达到企业的要求,还有其他的代理商作为"后援",这样就使得企业的营销更加有保证。除此之外,在多家代理的方式下,各代理商之间就会展开激烈的竞争,这就有利于企业打开市场。实行多家代理的方式还存在一个巨大的弊端,那就是极易引起各代理商之间的恶性竞争,最为明显的是价格的竞争。如果其中一家代理降价,那么另外一家虽然可以向企业进行反映,但是通常情况下也会随之降价。这种恶性竞争导致的一个严重的后果就是代理商收入降低,或是由于降价导致服务质量下降,或是为了节省成本忽视售后服务,最终使得厂商的信誉和形象受损。

2.总代理与分代理

总代理指的是,委托人在代理协议中指定地区的全权代表。总代理在指定的地区内,有权代表委托人签订相关的买卖合同,展开产品营销等商务活动。因此,总代理人拥有很大的代理权限。实行总代理制具有很明显的优势,就是可以利用代理商开拓市场,而缺点就是代理层次过多,造成企业管理不善。

总代理商虽然是独家代理商,但是独家代理商却不一定是总代理商,并不是

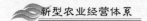

所有的独家代理商都具有分代理商的所有权力。采用总代理上网形式,就会使得代理层次更为复杂,因此经常将那些总代理商称为一级代理商,而分代理商则称为二级或三级代理商。有的分代理商是由原厂家指定的,但是大多数分代理商仍是由总代理商来进行选择,然后再报告给厂家请求批准,分代理商要受到总代理的制约。

3. 佣金代理与买断代理

佣金代理指的是,代理商的收益主要来源于经销的佣金,代理商制定的价格要受到一定的限制。佣金代理又可以分为代理关系的佣金代理商、买卖关系的佣金代理商,其所承担的风险较小。而买断代理需要向厂商进货,在收不到货款或是货款无法全部回收的情况下就需要承担相应的损失,因此风险较大。

(二)农产品经纪人

农产品经纪人指的是,从事农产品收购、储运、销售以及代理农产品销售、农业生产经营信息传递、农业销售服务等中介活动而获取佣金或利润的人员。从当前农产品经纪人的从业状况来看,可以将其分为科技型经纪人、信息型经纪人、销售型经纪人、复合型经纪人等。

1. 农产品经纪人应具备的知识结构

(1)农产品商品的基础知识。

农业是国家的基础产业,因此农产品所涉及的范围也是非常广泛的,并且随着社会经济的不断发展,农产品细分的趋势也更加明显。农产品经纪人应结合自身的实际状况,掌握和了解自身所经营的农产品的相关知识和信息,包括农产品的分布范围、品种类别、总体数量、市场价格、等级鉴定等相关内容,做到心中有数。除此之外,农产品经济人还应该对经纪范围之外的农产品情况进行了解,及时抓住机遇,拓宽自身的业务范围。

(2)与农产品相关的基本技能。

从一定意义上来说,农产品经纪人指的应该是在某一农产品领域的专业人士,他们不仅需要全部掌握与农产品相关的知识,还要掌握相关的操作技能。例如,分辨某种农产品好坏的方法,鉴定等级的方法,掌握具体的质量要求指标方式。大多数农产品都具有明显的季节性和时间性,因此掌握关于农产品的包装、储藏、运输等方面的也很重要。

(3)经营管理知识。

虽然农产品经纪人从事的是中介服务的工作,但是对于整个经纪活动来说,其中也蕴涵着丰富的经营管理知识。经纪人所从事的经纪活动并不是简单地将农产品的买卖双方联系起来,而是一个完整的经营活动。经济人在进行这个经营活动的过程中,要对当前的市场需求有全面的了解,掌握农产品在采购、销售等方面的方法和技巧;要依据市场环境的变化及时对农产品的发展趋势做出合理的判断与预测,还要对农产品的成本做出正确的核算。从农产品经纪人自身的发展状况来看,想要成功运作整个经纪队伍的经营活动,就必须依靠并运用经营管理的相关知识。

(4)财务会计知识。

农产品经纪人在实际进行经纪活动的过程中,还需要掌握一定的会计知识,对自己的经营成本、利润等进行详细的核算,还要给交易双方提供一些农产品成本、利润等相关财务方面的问题咨询。因此,对于一个成功的农产品经纪人来说,掌握一些必要的财务会计知识是很重要的。经纪人学好会计知识,还有助于提高自己的理财能力,合理规划自己的资产。

(5)相关法律知识。

我们国家是一个法治国家,任何地方都需要有法律还进行约束。农产品经纪人在进行经营活动的过程中,需要了解、掌握相关的经济政策和法律、法规,以此来使自身所进行的中介活动合理、合法。这不仅能够帮助委托人顺利完成买卖,并且在遇到不公正待遇时,还可以运用法律的武器来维护自身的合法权益。

(6)信息技术应用知识。

当前我们已经进入了信息化的时代,信息的收集与整理对每个人来说都是非常重要的,这就需要对获取信息的工具能够熟练地运用并掌握。在通常情况下,农产品经纪人都会在农村长期居住,因此在信息传递方面会遇到一定的困难。因此,经纪人就必须要克服那些不利的客观条件,学习并掌握现代信息技术知识及手段,以保证自己能够在最短的时间内掌握农产品、市场等方面的相关信息。除此之外,农产品经纪还应该根据本行业经纪项目的特点,了解相关的安全卫生知识,保证自身所经纪的农产品符合食用、使用的标准,能够正确地运用相关的工具,防止意外事故的发生,降低风险。

(7)经济地理知识。

我国幅员辽阔,农产品具有很强的地域性,种类繁多。农产品的经纪人要掌握

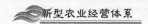

农产品的实际分布概况、具体产地、交通状况等基本地理知识,在必要的时候,还需要了解国外相关的农产品分布情况,以拓宽自身的经纪渠道。

2. 农产品经纪人的作用

(1)调整农业产业的结构,加快农业产业化经营。

农产品经纪人所进行的经纪活动可以有效促进农业产业结构的合理化经营。农产品经纪人作为联系生产和消费的纽带,将农民的生产和市场需求紧密联系起来,充分发挥自身的桥梁作用,使农民的生产经营能够与市场的实际需求相适应;将二者有机地结合起来,使农业的产业结构能够顺应市场的发展趋势并逐渐趋向合理化。农产品经纪人还是促进生产者与他人完成产品交易的一个重要联结点,其掌握着农产品的供求状况,担负着农产品市场变化相关信息传递的任务,因此对农业生产起着一定的指导作用,并且还可以将零散的农产品集中起来进行交易,加快农业产业化的经营。

(2)加快农产品商品化的速度,促进农村的资源优势转化为商品优势。

改革开放以后,我国实行了一系列的惠农政策,使得农村的经济得到极大发展,建成了一大批具有专业性质的农产品基地。生产出来的农产品需要被推向市场,加快其转化为商品的速度,这就需要有一个良好的流通渠道。而农产品经纪人正好可以在这个方面起到很好的沟通、中介作用。农产品经纪人可以通过一定的渠道将本地的农产品资源推广到市场上,将市场的需求和本地的生产紧密联系在一起,从而在本地形成强大的商品优势,能够将资源优势快速转化为市场优势。

(3)改变农民生产的传统经营观念,提高农民的市场意识。

农产品经纪人的发展需要依赖于市场,这就必须要在具体经纪活动过程中,能够全面了解经营知识,学会管理技能,切实掌握市场的变化趋势,并随之调整相应的经营管理理念。因此,农产品经纪人往往有着较强的市场经济意识和组织能力。促进农业的发展,提高农民的收入,可以先将经纪人的行为和观念作为先导,把最新的市场信息、好的观念带到农村、传给农民,逐渐培养并加强农民的市场意识,从而使所生产出来的农产品能够更好、更快地走向市场。

(三)农产品批发市场

农产品批发市场指的是,专门为农产品批发交易提供交易场所和条件的平台,属于我国农产品市场体系的一部分,是农产品流通的主渠道和中心环节。农产品批发市场是农产品流通的主要市场类型,能够将农民、运销商贩、中介组织、农产品加工企业等主体连接在一起,其中流通的主要商品是农业原产品和初加工产品。

1.建设农产品批发市场的重要意义

世界上的大多数国家都建有农产品批发市,这就在某程度上说明了农产品批发市场的重要性,尤其是对那些人多地少、农业经营规模比较小的国家或地区来说,批发市场就显得更为重要。我国人口数量庞大,人均耕地面积相对较小,再加上我国主要是以农户小规模经营为主的农业格局,因此国家就更为看重农产品批发市场的建设与发展。

随着商品经济的发展和市场机制的不断改革,农产品批发市场也就随之产生了。其能够将农产品的生产和消费者直接联系起来,能够保证农产品的销路、增加农民的收入,还能够及时保障城镇市场对各种农产品的需求。

农产品批发市场具有商品集散、价格发现和信息传输三个重要功能,它的建设和发展是统筹城乡发展的一个重要环节。当前,我国已经建设有大型农产品批发市场4300多家,促进了农村剩余劳动力的就业,成为沟通城乡关系的重要纽带,众多的商流、物流、资金流、信息流都在此汇集,是城乡经济文化交汇的中心。

从上述内容中我们可以看出,农产品市场批发市场在促进农业生产、保证市场供应、提高农民收入、统筹城乡发展等方面都发挥了重要的作用,是建设现代化农业的重要支撑体系。

2.加强农产品批发市场建设和升级改造

农产品批发市场的产生和发展,有其自身的客观规律。市场的建设和成功运行,对区位、交通以及批发市场的辐射带动范围和能力都要进行全面的考察。不同市场的建设所要关注的要素也不相同,例如,产地批发市场的建设要以相当规模的生产基地作为依托,而销售地批发市场的建设就必须要锁定相当规模的消费群体。在通常情况下,产地大中型蔬菜、水果批发市场的生产基地规模应在30万亩以上,在一二百万人口的大中型城市中有1～2个销地批发市场就可以。由于批发市场的建设占地面积很大,需要投入的资金多,因此要想充分发挥其应由的功能,就必须由政府来统筹制定科学合理的布局规划,不能随便建设。在很多国家,都设有相应的法律来对批发市场的建设进行规范,对投资者、批发商、市场管理者和政府的行为进行规范,对市场的布局及其申报审批程序等都有严格的规定。

我国的农产品批发市场建设起步较晚,很多批发市场都是从集贸市场发展起来的,因此交易条件和市场环境较差,市场硬件设施较为落后,软件管理也不规范,

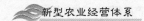

农产品的质量安全没有保障。面对这样的现实情况,近年来各级政府一直在推进批发市场的升级改造工程。国家发改委、农业部、财务部、商务部等部委都专门拨出了一笔资金来扶持市场的发展。在"十一五"期间,农业部组织实施了农产品批发市场"升级拓展 5520 工程",对农产品批发市场进行升级和改造。主要表现在十个方面,包括水电道路系统改造、市场地面硬化、储藏保鲜设施建设、交易厅棚改扩建、客户生活服务设施建设、加工分选及包装设施建设、市场管理信息化系统建设、市场信息收集发布系统建设、质量安全检测系统建设和卫生保洁设施建设。与此同时,还要从场地挂钩、开展配送加工、推进规范包装、监管质量安全、发展现代流通、强化信息服务、开拓对外贸易、壮大市场主体、维护安全交易、完善公共服务等方面拓展农产品批发市场的业务功能。

第三节　农产品网络营销

农产品网络营销,又被人们称为"鼠标 + 大白菜"式营销,这是一种农产品营销的新型模式。其主要是通过利用互联网来开展农产品的营销活动,包括网上农产品市场调查、促销、交易洽谈、付款结算等活动。

一、农产品网络营销概述

(一)农产品网络营销的定义

农产品网络营销是指在农产品销售过程中,全面导入电子商务系统,利用信息技术,进行需求、价格等发布与收集,以网络为媒介,依托农产品生产基地与物流配送系统,为地方农产品提高品牌形象、增进顾客关系、改善对顾客服务、开拓网络销售渠道并最终扩大销售。

农产品网络营销产生在 20 世纪末,通过一定时间的发展,目前已经成为东部沿海经济和信息发达地区最引人注目的模式之一。在很多乡村,农户都已经开始通过网络了解当前农产品需求、价格方面的信息,同时发布农产品的销售信息,取得了很好的效果,拓展了销售渠道,提高了农民的收益。

（二）农产品网络营销的优势

1. 降低交易成本

将互联网作为信息通信的媒体,可以大大缩短小农户与大市场之间的距离,并且网络的通信速度很快,降低了信息传播的成本。从促销的角度来看,利用网上进行促销活动所花费的成本仅仅占传统广告费用的十分之一。由于省去了中间的很多人工环节,因此从客户服务的成本来看,通讯、交通和差旅人员等方面的费用没有了。农产品网络营销的低成本优势就显现出来了。

2. 降低农产品腐败变质损失

大多数农产品都是生物性的自然产品,如蔬菜、水果、鲜肉、牛奶、花卉等,都具有鲜活性和易腐性,因此对这些农产品进行保鲜就显得尤为重要。在传统的营销方式中,其流通过程总是要耗费大量的时间,因此农产品腐烂变质的情况极为严重,这就为农产品生产者带来了巨大的损失。而通过农产品网络营销,农户就可以通过网络,将农产品的销售信息迅速达到客户的手中,这样就减少了农产品的销售时间,降低了农户的损失。

3. 增加交易机会

传统的营销模式总是会受到时间或是空间上的限制,而网络营销则弥补了这个缺陷,网络可以 24 小时提供交易机会,并且还能扩大交易的范围。原来的农产品市场总是受到时空的限制,例如,节假日等因素会营销市场的开市与闭市,从而影响农产品的正常销售。而网络市场是没有闭市的,因此无论消费者是在什么地方,什么时间,只要通过网络就可以实现交易。传统的营销方式地域局限性很大,而网络销售则是一种全球性的活动,只要消费者拥有一部电脑并且可以联网,那么信息互动的范围就变成全球。所有的网民都可以看作是农户自己的目标消费对象。同时,物流还为农产品网络营销的发展提供了强有力的帮助,有利于营销者扩大农产品的市场空间。

4. 有利于形成农业生产的正确决策

当前,我国农业生产中存在的一个重要的矛盾就是"小农户"与"大市场"之间的矛盾。在传统的农业生产和销售的过程中,农户的信息主要是来自周围的人,对市场的信息把握不准确,因此经常会产生决策失误的情况。通过网络营销的方式,可以为农户和农业企业提供全方位的市场信息,农户和企业可以通过分析市场情况,制定出正确的生产决策,从而降低生产和经营的风险,获得更多的利润。

（三）农业信息化与农产品营销

互联网信息技术的迅速发展和广泛应用,给农产品的营销提供了新的生机和活力。传统营销方式下的农产品交易,逐渐演变成了通过对各种资源的整合,利用先进、便捷的技术来搭建农产品市场的信息平台,从而在网络上实现对农产品的营销,这是现代社会发展中人们的需求,同时也是一个必然趋势。在很多发达国家,计算机和因特网所处的地位就如同气象报告一样重要。当前美国约三分之二的农民拥有电脑,他们每周平均花两小时上网获取农业方面的信息。越来越多的农民通过互联网来完成种子、化肥和农业机械等方面的交易,他们也希望通过互联网来出售农产品。从20世纪90年代末以来,我国互联网得到了迅猛发展,人们对他们也不再感到陌生。随着互联网在我国的快速发展,其在农业中的应用也愈加广泛。

1.我国农业信息化的发展

我国在20世纪80年代中期开始了农业信息网络的建设,在1986年组建了农业部信息中心。1995年农业部建立了"中国农业信息网",并通过DDN方式接入了国际互联网。随后农业部又与地方政府进行联合,建立了省（市）级农业信息网络平台,在全国大部分省区都建立了农业信息中心,县级农业信息中心也在逐步建立之中。当前,我国农业部信息中心创建的"中国农业信息网"已经初具规模,并且与30个省、市、区的农业部门,近百个地区、县,200多个农副产品批发市场实现了联网,直接和通过网络联系各地生产和管理的用户已经超过了3000家。根据农业部对全国农业网站进行的普查显示,截止到去年年底,已经收录国内涉农网站2200家,正常运营的有1600多家,占总体的70%。我国的信息网络已经逐步向基层方面延伸,北京、上海、天津、安徽、江苏、黑龙江、浙江等地的工作进展很快,贵州省也已经延伸到了31个县和200多个乡镇。

2.农产品营销网站的建设

随着我国农业信息网络的快速发展,农产品营销网站也逐渐开始建立。吉林省在2001年开通了全国首家农产品电子商务网"吉林金穗网"。2001年9月由农业部信息中心、深圳市农产品股份有限公司等单位组建的"中农网"正式运行,2002年实现网上农产品交易额超过了5亿元。2000年3月,广东省政府、南海市政府和中国蓝田总公司共同投资兴建了"广东农产品中心批发市场",并在此基础上建立了农产品电子商务示范工程"金农网"。其建设的目标就是以中心批发市场为核心,运用计算机网络技术和数据库技术,将中心批发市场与世界各地的大型农副产品批发市场和交易中心相互联系起来,建成动态的大型联网数据库群,从而最终实现世界范围内的农产品信息资源共享和农产品网上交易。

农产品网站应用得最为广泛的领域就是农产品的营销,通过便捷的网络技术,搭建农产品交易的电子商务平台,真正实现仅仅通过网络就完成农产品的交易,从而解决农产品在营销过程中出现市场信息不准确、农村市场商品流通体系不健全而导致农产品季节性、结构性、区域性过剩而引起的"农产品卖难"的问题。同时还要突破农产品从"小农户"迈向"大市场"的瓶颈问题,提高农产品的市场竞争力,成为农业实现产业化经营过程中的一个强有力的手段。

农产品营销网站具有很大的优势,主要表现在:

(1)便捷性。网站的经营充分采用先进的信息网络技术,遵循快捷方便、易于操作、普及性强的原则,完全根据交易双方的实际需要来进行操作程序的设置,从而确保网络的高效运转。

(2)实用性。农产品营销网站具有市场定位准确、满足用户需求、信息及时实用、体现行业发展形势等特点。

(3)营利性。网站坚持以为用户服务为中心,将企业自身的营利作为最终的目的,通过向用户提供一系列服务来收取合理的收费,以确保网站的正常、高效运转。

二、农产品网络营销的发展

(一)农产品网络营销发展的必要性

当前已进入了信息时代,网络的使用者越来越多,并且呈现持续快速增长的状态,网络科技也愈加完善,电子商务的应用日趋成熟。互联网发展的良好态势为农产品网络营销的发展奠定了基础。农产品市场变化莫测,这就要求农产品的营销必须要有效地运用现代信息技术和科技手段,才能在瞬息万变的市场中敏锐地捕捉到消费者的需求信息,然后再以恰当的方式来充分满足消费者对农产品的需求,并且在此过程中还要重视农产品网络营销自身的发展。其主要原因主要有以下几点。

1. 贸易全球化发展的必然要求

随着农产品贸易全球化的不断发展,农民不再是只为了一个地区或是一群人进行生产,而是要面向全球的农产品市场,根据国际市场的需求状况来确定相应的

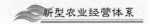

农业生产计划。这种经营模式不仅有利于促进农业生产结构的调整、发展优势产品,还能降低劣势农产品的产量,达到资源的优化配置,实现农业产业的优化组合。我国幅员辽阔,各地的农业生产都具有自己的特色和优势,如果农民可以准确把握市场的需求信息,就可以生产各种不同用途的农产品,从而抢占农产品市场的份额。当前我国的畜产品出口具有明显的优势,占农产品出口总量的40%,这就要求营销者要充分运用现代信息技术来实现同国际市场中其他国家的贸易活动。

2.农产品营销对市场信息依赖性的加大

随着农产品生产的商品化程度不断提高,消费者的需求差异的日益个性化,这就对农产品的营销者提出了更高的要求,必须要建立国际国内农产品市场信息系统,聘请专门的人才来对农产品的价格走势进行分析,同时还要对气候对农业产生的影响进行全面的把握,为农产品生产者提供技术和信息服务,以确保农产品市场能够有序运转。

(二)农产品网络营销发展的影响

农产品网络营销虽然是在传统的农产品流通模式基础上发展起来的,但是农产品网络营销绝不是传统流通方式的简单代替,而是对传统农业经济所进行的一场革命。其发展会对现代农产品的生产和发展以及对人们的生活产生重要的影响,主要表现在以下三方面。

第一,农产品网络营销的发展会打破原来农户封闭的生产经营方式和生活空间,给农民带来更多的市场供需信息,让农户掌握市场,了解最新的社会发展动态和农业科学技术。传统意义上的农民也变成了"网农",成为能够掌握现代化技术的新型农业生产者。

第二,农产品具有不易标准化的特点,在农产品从生产到走向市场的过程中,农产品的这个特点将始终制约着农产品的流通速度。网络市场的建立和发展要求农产品不断实行标准化,这就必然要求农产品在品牌和竞争力上都要有所提升,从而占领更大的市场份额。

第三,农产品网络营销的发展削弱了传统流通体制中的政府管制,使交易变得更加公开、公平、透明。市场中的农产品交易价格能够更加真实地反映供求关系,以便能够使各级主管部门和农户能够科学安排生产,解决农产品销售的难题。

(三)农产品网络营销发展的障碍

当前我国农业网站的建设已经有了一定的规模,很多发达的地区已经开始采用农产品网络营销的方式。但是由于我国部分地区农业生产方式还较为落后,农民的素质普遍不高,因此农产品的网络营销还处于探索的阶段。当前我国农产品网络营销发展的障碍主要有以下四个方面。

1. 农产品的生产与运销现代化水平低

农产品实行网络营销,对农产品的要求较高,不仅要有一定的品牌,而且还必须要实行品质分级标准化、产品编码化以及包装规格化。但是目前我国农产品结构性过剩严重,优质农产品少,品牌意识比较弱,申请商标注册的农产品比较少。当前很多网站已经对农产品的标准化进行了尝试,例如"中农网"根据消费者的一般习惯,将农产品及加工品分成了 18 大类,将其中的每一大类又分成 5 ~ 10 个小类,并对其进行了详细的描述,但是全国统一的农产品标准。

由于农产品是一种实体商品,因此物流配送也就成了销售中的一个重要环节。我国农产具有品种繁多、单位生产规模小的特点,这就要求物流配送实行多点次的方式,技术难度很高。在农产品配送的过程中,还要注意对农产品的保鲜,这就需要一定的运输设备和人力作为支撑,需要投入的成本很高,这样的现实情况对我国农业企业和农业组织来说难度是很大的。很多农产品网络营销都是在批发市场的基础上发展起来的,而这些批发市场又是从集贸市场发展起来的,具有规模小、交易手段落后、组织化程度低、法规不健全等缺陷,这对农产品网络化的经营是十分不利的。

2. 电子商务基础薄弱

我国电子商务的发展起步较晚,因此各方面的条件都不够完善。主要表现在:①网络基础设施的建设比较滞后,已经建成的网络的质量还不能够完全满足电子商务发展的要求;②网上交易的信用体制不健全,支付手段单一;③对于网络交易的保障制度还不健全,因此存在一定的风险;④人们对电子商务的认识还不全面,存在一定的偏差,电子商务意识淡薄、网上消费习惯和消费体系还没有建立起来;⑤农产品物流配送的系统规模小,效率不高;⑥国家在法律政策上没有给予电子商务完全的保障,例如在资费问题、隐私权问题、法律问题、税收问题等方面都存在着很大的争议。这些因素都严重阻碍了农产品网络营销的顺利应用与发展。

3. 信息化意识与技术的缺乏

由于我国人口基数大,因此当前我国已经成为电子计算机用户最多的国家,但其中一个问题是,上网参与经济活动的人却很少。我国的网民中,只有一部分人在利用网络从事商务活动,这在农民身上表现得更为明显。很多的农民不会使用计算机,不懂得网络信息对于增收致富的主要作用。其中一个重要原因是,他们没有意识到掌握信息的重要性,不会利用、收集和发布信息。对于农产品的营销来说,就是要在信息中把握商机。要定时收集信息,进行信息提取并分析,然后从中找出对自己有用的。面对这种现实情况,国家和社会应该对农民进行信息意识的教育和普及,帮助他们掌握收集信息的方法,提高他们的农产品营销技能和手段。

4.农产品网络营销人才缺乏

农产品网络营销的发展,需要大批具有现代农产品知识、商务知识和熟悉网络技术的专业人才。随着传统农产品商务模式向现代商务模式的转变,传统的农民也要向现代"网农"(E-farmer)转变。"网农"指的是,具备运用现代信息技术为工具,从事农业生产计划、管理与运销的农民。他们通过网络,能够掌握农产品产销的相关信息,包括气候资料、农业经营管理、农业生产技术、即时市场行情、市场消费趋势等,然后再对所得到的信息进行全面和深入的分析,根据市场的需求变化,及时调整自己的产销决策。当前我国的农村人口基数依然十分庞大,因此要培养这样一批现代"网农",还需一个相当漫长的过程。

三、我国发展农产品网络营销的措施

(一)政府引导发展农产品网络营销示范体系

从那些农业较为发达的国家的发展经验中我们可以看出,没有政府的参与和大力支持,很难顺利推进农产品网络营销的建设。以台湾地区为例,在21世纪初就制定了"一加五计划"。其中"一"指的是,构建包括花卉、蔬菜、水果、家禽、肉类和渔产品等六大类"农产品行情报道全球资讯网";"五"指的是,选定台北农产运销公司网络批发交易系统、台北"农会超市联采系统""真情百宝乡"农产食品行销资讯网站系统、台湾观赏植物运销合作社网络交易系统、桃园县农会网络商城系统等五个系统,构建网络营销示范组织体系。通过示范体系建设,可以实现以点及面的发展,从而逐渐改善农产品的交易品质,实现分级标准化与商品化制度的顺利推进,促成现代化交易市场的形成。

(二)加强农村信息网络建设

我国经济区域发展不平衡,农业生产水平差异较大,因此在对农村信息网络建设的过程中,要有一定的针对性。在经济发达、农民素质较高的地区,应积极发展

互联网络,制定各种措施来鼓励和帮助农民上网,接受网络信息服务。而在那些农民素质较低、经济发展较为落后地区,通过电视网、电话网、广播网等途径和手段,大力发展广播电视和通讯工程,进行农村"三网"(宽带网、电话网、电视网)合一的研究与示范。除此之外,还要依托上述网络中农民适用的信息获取技术,来搭建多种形式的信息服务平台,使之能够直接面对农民,提供信息咨询服务,提高农民的信息应用能力,全面掌握农业信息。

（三）培养新一代"网农"

随着我国经济的不断发展及科学技术水平的不断提高,农民素质的高低成了农业现代化的关键,也是限制农产品网络营销发展的一个重要因素。要从农业现代化发展的长远目标出发,制定详细的规划,采取具体措施,有步骤、分阶段地逐步提高农民的文化知识水平和农业技术水平。还要对农民进行信息技术和网络营销培训,帮助农民掌握和使用网络信息检索和网上交易的方法,从而提高农民的信息素质和技术水平,为农产品网络营销的应用打下坚实的社会基础。

第四节　农产品其他营销方式

随着互联网技术的不断发展,以及人们生活水平的提高,人们对农产品有了更高的要求,这就使得农产品营销衍生出更多的方式,包括农产品超市营销、期货交易以及拍卖交易等。

一、农产品超市营销

随着现代社会经济的不断发展,农产品流通的渠道也越来越多,除了传统的批发市场和农贸市场,超市也逐渐成了农产品进入消费者家庭的一个重要渠道,并日益突显出其重要作用。

（一）农产品进超市的前提条件

1.食品质量和食品安全有保证

随着人们生活水平的不断提高,人们的消费需求也在不断发生着变化。近年来,人们对于食品的安全问题更是极为关注,并且已经成为影响消费者购物的一个最主要的因素。随着人们健康意识和安全意识的不断提高,只有那些符合质量和安全标准的农产品才会得到消费者的广泛认可,也才能够顺利进入超市。

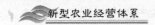

2. 农产品有优质的包装

农产品想要进入超市进行销售,其包装就必须要符合超市的要求。例如,超市要求产品的包装要防污染、耐用,图案设计还要精美,只有这样才能吸引消费者的目光。例如,过去挂面的包装极为简易,只是用干净的纸张来进行包裹,这样的产品就不适宜在超市中进行销售,因为既容易破损又容易被污染。因此,后来生产者就采用了塑料袋小包装,显得十分精致,消费在食用过程中也感觉极为方便。我们在超市中看到的很多水果和蔬菜大都经过了简单的处理,用托盘和保鲜膜进行包装,这样就会显得整洁美观,消费者也乐于购买这样的商品。

3. 农产品供应能力强

由于大型连锁超市具有大量采购、均衡供应、常年销售的特点,因此农产品要想进超市,其生产和供应就必须拥有一定的实力。超市主要是依靠规模化的经营来树立价格优势,获取利润,因此更加看重产品供应链的建设,对那些规模大、组织化程度高、产量供货稳定的农产品企业更加青睐。那些规模较小的农产品企业的运营成本相对较高,履约水平低,这就相当于为自己的产品设置了一道进入超市的"门槛",因此建设大型农产品供货基地被很多企业所看好。

(二)农产品超市经营现状

1. 传统农贸市场的弊端

(1)消费风险。

传统的农贸市场主要是以水产品、畜产品、水果、蔬菜个体经营为主,里面"鱼龙混杂",大量的假冒伪劣商品充斥其中,对农贸市场的产品进行严格的控制监察是管理部门较为重视的问题。由于市场中设备简陋,卫生条件一般,因此很多农鲜产品极易腐败变质。农产品的价格、品质和交易行为的规范性等都不能得到保证,消费风险增加。

(2)城管与环保。

城镇农贸市场是当地生鲜供应链销售的终端,如果频繁进行扩建,那么势必会给城镇的垃圾处理、环境保护和市容管理带来巨大压力,大中型城市市场占地矛盾也会日益突显。

(3)无效物流和潜在高成本。

根据一项农贸市场的调查显示,如将蔬菜中毛菜和净菜销售的结果进行比较发现,100 吨毛菜会产生 20 吨垃圾,可以看出将毛菜送到农贸市场进行销售会产生一个巨大的无效物流成本。再加上相关的垃圾处理、环境保护和市容管理方面的费用,想要维持农贸市场的正常运作,需要花费的成本开支是相当高的。

2. 农产品超市经营的优势

通常情况下,超市里面的农产品价格相对较高,但是卫生、安全方面都有保障,并且超市种的农产品保鲜技术也要远远优于农贸市场。农产品进入超市,是对农业产业化经营新的挑战。从企业的角度来看,产品进入超市是企业参与市场竞争的一个起点。因为农产品进入超市是商品化生产成熟的标志,只有产品进入超市,才能产生品牌效应,才能对农产品全程进行质量监控,才能真正实现优质优价。质量和规格都没有达到标准的农产品无法进入超市之中,农产品进入超市进行销售是其向外拓展销售的前奏,如果农产品连超市都无法进入,那么也不可能进入国际市场参与竞争。

(三)农产品超市营销策略

1. 建立高效畅通的农产品流通体系

(1)建立大型农产品生产基地。

如果超市农产品是由生产基地直接供应的,那么大量中间环节的费用可以被省去,并且还可以建立直接畅通的信息渠道,降低双方的市场风险。同时,还能发挥连锁超市统一采购、多店销售的优势,从而有效地降低成本,尽量让消费者购买到物美价廉的商品。

(2)积极发展配送中心。

发展配送中心可以从三个方面进行考虑。第一,超市自建配送中心。当前我国的超市规模都比较小,没有自己的生鲜配送中心,大多都是采用联营的方式经营生鲜产品。而很多国外的大型超市采用的是自营的方式,拥有自己的生鲜配送中心,因此产品价格就会相对较低。第二,让有实力的现代农业龙头企业充当配送中心。促成龙头企业与超市进行合作,签订协议,建立供求关系,从而保障双方的利益。第三,由专业的第三方物流来进行农产品的配送。采用这种方式可以加快农产品的流通周转速度,从而实现超市经营的规模效益。

(3)培育新型农产品流通组织。

提高农产品流通组织化程度,大力发展农业专业合作,提高农产品种植和养殖规模,这样就可以缩短农产品进入超市的时间,从而节约流通的成本,提高交易效率。例如,农民合作组织不仅可以加强农民之间的合作,实现资源、信息共享,提高

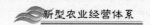

市场的适应能力,并且还可以形成一种强大的力量,在农产品价格受到压制后可以采取相应的措施,改变单独的农户在市场中所处的弱势地位。

2. 加快农产品标准化工作

对农产品实行标准化是农产品进入超市的前提条件,因此要加快农产品标准的制定工作。国家相关部门对此已经制定了相关措施,计划用五年的时间完成2500项农业行业标准的制定和修订,初步建立起既符合中国国情又能与国际接轨的农产品质量标准体系。这项工作是十分庞杂的,所耗费的时间较长,因此除了政府部门,农产品的生产和流通企业也应该作为农产品标准的制定主体。例如,现在很多大型连锁超市面向全国招标,可以联合有关部门制定相关质量标准,包括感官指标、理化指标、鲜度指标和安全食用指标等。企业的积极加入会对农产品标准化工作的实现产生巨大的推动作用。

3. 发展连锁经营,实现规模效益

农产品超市的经营方式可以分为单体店和连锁店两种方式,其中实行连锁经营的企业只是少数。通过实行连锁经营取得规模效益,是超市发展制胜的一个重要措施。一项研究资料中显示,只有当超市的分店数量达到 14 家时,才会产生规模优势。为了实现规模效益就要不断进行整合,鼓励那些实力雄厚、有经营经验的企业去兼并或收购那些经营不善、实力不强的企业,最终形成大型连锁企业,真正实现统一采购、统一配送、统一管理、统一核算。通过连锁经营来降低企业的经营成本,在保证农产品质量的前提下,实行薄利多销,争取更多的消费群体,获得规模效益,实现可持续发展。

二、农产品期货交易

(一) 期货交易的定义

期货交易指的是,在现货交易的基础上发展起来的,通过在期货交易所买卖标准化的期货合约而进行的一种有组织的交易形式。

在期货市场中,大多数企业买卖期货合约的目的是为了避免现货由于价格波动而产生的风险,而投资者主要是为了获得价格波动而产生的差额。因此,大多数的人都不愿意参与商品的实物交割,而是在到期前采用对冲的形式结算。对冲指的是,买进期货合约的人在合约到期前会将期货合约卖掉,而卖出期货合约的人,在合约到期前会买进期货合约来平仓。这种先买后卖或是先卖后买的活动在期货市场上都是被允许的。

（二）期货交易的一般过程

（1）期货交易者需要在经纪公司办理开户手续,签署一份授权经纪公司代为买卖合同及缴付手续费的授权书,经纪公司在获得授权之后,就可以按照合同上所规定的内容,然后按照客户的具体要求来办理期货的买卖。

（2）经纪人在收到客户的订单之后,需要立即用电话、电传等通信方式通知经纪公司驻在交易所的代表。

（3）经纪公司交易代表在收到的订单打上时间图章,然后马上送至交易大厅内的出市代表。

（4）场内的出市代表将客户的指令输入计算机内进行交易。

（5）当每一笔交易完成之后,场内的出市代表都需要将交易的记录及时通知给场的外经纪人,并且让客户知晓。

（6）如果客户要求将期货合约进行平仓,就要立即通知经纪人,然后再由经纪人用电话等形式通知驻在交易所的交易代表,通过场内出市代表将该笔期货合约进行对冲,最后通过交易电脑进行最后的清算,并由经纪人将对冲后的纯利或亏损报表邮寄给客户。

（7）如果客户在短期内都不进行平仓,那么就需要在每天或是每周按照当天的交易所结算价格进行结算。若是账面出现亏损情况,客户就需要补交亏损差额;若是账面出现盈余,那么就需要由经纪公司补交盈利差额给客户。直到客户平仓时,再结算最后的实际盈亏数额。

（三）农产品期货交易风险

1. 经纪委托风险

经纪委托风险指的是,客户在选择期货经纪公司和确立委托过程中所产生的风险。客户在选择期货经纪公司时,应该对期货经纪公司的规模、资信、经营状况等情况进行对比选择,在确立最佳选择之后与该公司签订《期货经纪委托合同》。投资者在进入期货市场之前,必须要认真考察、慎重选择,挑选那些实力强、信誉好的公司。

2. 强行平仓风险

期货交易实行的是,由期货交易所和期货经纪公司分级进行的每日结算制度。在结算的过程中,公司是根据交易所提供的结算结果来对交易者的盈亏状况每天

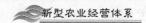

都进行结算,因此,如果期货的价格波动较大,又不能在规定时间内补齐保证金,那么交易者就极有可能会面临强行平仓的风险。除此之外,当客户委托的经纪公司的持仓总量超出一定限量时,也会遭遇强行平仓,最终影响收益。因此,客户在进行交易时,要对自身的资金状况及时进行关注,避免由于保证金不足而产生强行平仓的风险。

3. 流动性风险

流动性风险指的是,由于市场的流动性较差导致期货交易很难迅速、及时、方便地成交所产生的风险。其在客户建仓与平仓时表现得最为明显。客户在建仓时,交易者很难在理想的时机和价位入市建仓,难以按照预期的构想进行操作,导致套期保值者不能建立最佳的套期保值组合;在平仓时则难以用对冲方式进行平仓,特别是在期货价格呈连续单边走势,或临近交割时市场流动性降低,这样就会导致交易者由于不能及时平仓而蒙受巨大的损失。要降低流动性风险,客户就要密切注意市场的容量,对多空双方的主力构成仔细进行研究,避免进入单方面强势主导的单边市场。

4. 市场风险

客户在进行期货交易中,遭遇的一个最大的风险就是市场价格的波动。由于杠杆原理的作用,市场风险实际是被放大了的,投资者应该时刻注意。

5. 交割风险

期货合约都有一定的时间限制,当合约到期时,所有未平仓的合约都必须要进行实物的交割。因此不想进行交割的客户应该在合约到期之前将自身所持有的未平仓合约及时进行平仓,以避免承担交割的责任。这是期货市场与其他投资市场相比最为突出的一方面,刚进行期货交易的客户尤其要注意这个环节。

(四)建立、健全现代化农产品期货市场

推动传统生产方式向新农业生产方式的根本性变革,催生新型现代化农业生产方式。我国农业的发展还不平衡,实现农村经济发展的根本性措施就是建立起适应市场经济要求的新型现代生产方式。例如,对于小麦这种主要的粮食作物来说,就要在实现规模化、产业化经营的基础上,逐步形成小麦种子培育、技术推广、质量检测和现代流通体系。很多粮食企业参与期货经营,不仅促进了农产品质量检测体系在产业化中的形成和完善,还促进了企业机制的转换,从根本上改变了政府全面包办和干预的状况,打破了传统的小农生产方式,增强农民的市场经济意

识、科学种田的观念和质量标准意识。

围绕服务国民经济发展的方向,建设粮、棉、油、糖等重要农产品的现代化期货市场。我国中西部地区是经济相对落后的地区,当地的经济发展和农民收入的问题,在全国农业经济发展中都占有极其重要的地位。例如,郑州的商品交易所在小麦和棉花平稳运行的基础上,从国民经济发展的实际情况出发,为了中西部地区经济发展的需要,逐步推出白糖、油菜籽、花生仁等为大宗商品生产者和消费者提供发现价格和套期保值功能的商品期货品种,为我国农业的发展,特别是促进中西部地区农业结构的调整提供了有效的价格信息,大大提高了当地农民的收入。

逐步推出新的大宗农产品期货,包括白糖、油菜籽和小麦等,初步实现由单一的粮食期货市场向兼有粮、棉的农产品期货市场的转变。

三、农产品拍卖交易

(一)农产品拍卖的定义

拍卖是一种带有典型市场经济色彩的商品交易方式,《中华人民共和国拍卖法》第三条规定:"拍卖是指以公开竞价的形式,将特定物品或者财产权利转让给最高应价者的买卖方式。"[①]

农产品拍卖指的是,通过现场公开或密封出价的形式进行拍卖,将组织来的农产品,逐批次限期拍卖给最高的应价者。拍卖形式主要可以分为两类。

第一种是传统离线拍卖,指的是在综合性拍卖机构的常规拍卖会上,通过购买商举牌应价的形式,然后由注册拍卖师将供货商委托的农产品公开叫价落槌的交易方式。

第二种是电子拍卖,指的是专业化的拍卖机构受供货商的委托,通过一些先进的电子拍卖系统、电子屏幕、电子结算设备和计算机等,以购买商按键竞拍的形式实现农产品的拍卖。

(二)农产品拍卖的特点

1. 拍卖标的数量较大

大多数农产品都是人们生活的必需品,因此尽管单位价格较低,但是拍卖的交易量却很大,这就需要一些固定的仓库和存储设施来对农产品进行存储。与文物艺术品拍卖不同,农产品的拍卖标的通常都是采用千吨的计量单位,必须有一定数

---

① 陈国胜.农产品营销［M］.北京:清华大学出版社,2010.

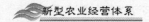

量的粮库作为存储地。

2. 拍卖标的具有易损耗性

很多种类的农产品都含有大量的水分,因此对保鲜冷藏技术的要求较高,在对这些农产品进行管理的过程中,任何一个疏漏都可能会造成大量农产品的变质腐烂,尤其是对于蔬菜、水果、鲜花和海鲜水产品来说,保鲜难度更大。

3. 拍卖价格具有不确定性

农产品在进行拍卖的过程中,交易价格会受到当时市场供求、上市季节、天气原因甚至是节假日等因素的影响。与文玩拍卖市场上将同类产品的交易价格作为参考价值不同,农产品的拍卖往往会在年际价格间产生巨大的差异,甚至在同一年间不同的季节也会产生明显的价格差异,有时甚至出现忽高忽低的情况,拍卖价格具有极大的不确定性。例如,在雨雪、台风、霜冻等天气和春节前后,通常农产品的价格都会呈现上涨的趋势;而在农产品大量上市的季节,价格往往又会降低。

4. 拍卖标的具有季节性和分散性

文玩收藏品的拍卖市场,几乎不会受到地域和季节的影响,每年举行的春拍或秋拍只是拍卖经营机构为收集拍品信息和组织拍品所要求的。而农产品拍卖则不同,其受地域和季节的影响非常大,并且是不能改变的。我国农业的生产比较分散,产地分散在全国各地,通常和专业的农产品批发集散市场相隔较远。除去地域的影响外,农产品的生产还有淡季和旺季之分,这两种因素都会对农产品拍卖市场的稳定性产生一定的影响。

(三)农产品拍卖市场中存在的问题

1. 对农产品拍卖认识不足

虽然拍卖的方式在中国已经存在了很多年了,但是人们对拍卖的认识却并不全面。通常人们对于拍卖的理解就是,在不断加价竞买的过程中,产生一个最终买主;或认为拍卖就是要人们互相竞价,使得价格越来越高,甚至高得离谱也在所不惜。正是由于这种对拍卖的错误认识,才使得长期以来人们不愿意接触和了解拍卖这种交易方式。这也是长期阻碍我国农产品拍卖获得社会广泛认可的一个重要的原因。

2. 农产品拍卖的交易成本较高

农产品拍卖的方式实际上是一种先进的交易形式,可以起到降低交易成本的作用,但是在现实的农产品拍卖交易实践中,交易成本通常都会高出传统的交易方式很多。主要有以下四个方面的原因。

（1）我国农产品拍卖市场体系还不够完善,农产品拍卖市场分割的现状增加了交易主体的信息成本。

（2）制度约束软化,增加了额外的交易费用。我国批发市场的交易方式对交易双方的约束软化,增加了市场交易的总费用,不利于培育市场主体和展开市场竞争。

（3）农产品拍卖市场信息技术发展落后,从事交易的双方存在严重的信息不对称状况。由于缺乏有效的信息收集、加工和传播手段,因此不能有效降低交易主体之间的信息不对称和花费的交易费用。

（4）市场职能转换滞后。农产品流通体制改革进程中政府职能转换滞后,增加了进场交易的手续费用,阻碍了我国农产品大流通格局的形成。

3.辅助市场条件的缺失

农产品标准化程度较低,增加了企业和消费者对商品检验的费用。由于缺少统一的标准,也没有权威机构所认可的实行交易的统一标准,因此在期货市场中,大多数农贸产品很难进入拍卖流通领域。

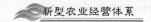

第六章 我国农村金融制度的创新

我国农村金融的发展存在明显的金融抑制现象,亟须改革。在建设社会主义新农村的背景下,改革原有的金融城乡二元模式,实现金融方面的城乡一体化,活跃农村金融市场,已经成为解决我国"三农"问题的重要策略。

第一节 农村金融与农业经济发展

从经济学的角度看,金融是经济发展过程中的重要支撑。这一重要规律在农村也同样适用。然而,当前我国农村的金融条件制约了新农村建设的进程。本节重点研究我国新农村建设背景下农村金融需求现状与未来发展。

一、农村金融与农业经济发展的关系

农村金融与农业经济密切相关。从外延上看,二者是部分与整体的关系,农村金融是农业经济的一部分。因此,农业经济决定农村金融。而从金融对整个农业产业的支撑作用来看,我国农村金融对农村经济有着重要的影响。

（一）农业经济决定农村金融

农业经济对农村金融的决定关系主要体现在三个方面。

1.农业经济的所有制与经营形式决定农村金融的性质与形式

当前,我国农村的生产资料形式是社会主义公有制性质,这就决定了农村货币资金运动中所形成的分配关系与交换关系的性质。这种分配关系,是通过信贷收支表现出的社会资金的分配与再分配关系;这种交换关系,是伴随着货币流通过程的等价交换关系。自十一届三中全会以来,我国农业经济普遍推行以家庭承包经营为基础的双层经营形式,这在一定程度上决定了农村合作金融存在的必要性与合理性;农业经济中农业产业化等新的经营方式的产生,又在另外一个方向上决定了农村金融活动的多样性和广泛性。我国农村经济的多种经营方式要求我国农村金融要在金融产品上重视多样性,全国农村经济协同发展的大背景又要求我

国农村金融实现覆盖面上的广泛性。由此可见,当前我国农村社会经营方式发生的深刻变革要求我国农村金融体系在服务对象、产品种类、货币总量等方面产生深刻变化。

2. 农村经济的结构与水平决定了农村金融活动的范围与规模

前文提到,我国农村经济这几十年有了巨大而深刻的发展。农村经济的飞速发展要求我国农村金融活动范围、产品种类等方面与农村社会发展相协调的变革。改革开放以来,我国农村经济从单一的种植业开始发展成为农、林、牧、副、渔以及其他非农经济协同发展的庞大体系。农业产业循环从单一的生产环节变成生产与再生产全面开花。这就要求我国农村金融体系从原有的支持农村种植的单一产品,变革为支持农村社会与经济的全面发展的体系,否则农村金融体系将会被遗弃。

3. 农业经济的发展速度决定了农村金融的发展速度

通过农村金融手段向农村提供的货币资金,代表着相应的物资。如果信贷发放或货币投放在数量上或构成上与农村商品供求状况不相适应,不能换回同额对路的生产资料与消费资料,就会造成积压或脱销,影响全局的平衡。同时,农村储蓄余额的上涨,也要和农村居民收入的增长相一致,使积累、消费与储蓄保持一定的比例。

另外,农民要获得资金不仅仅只有农村金融这一个渠道。从当前我国农村人力资源、物质资源流动的现状看,我国农村资金的来源越来越多样化。这一方面支持了农村经济的发展,另外一方面也要求我国农村金融体系跟紧农业经济的发展速度,因为一部分农业经济产业已经符合我国其他金融体制的要求,其他金融体制已经开始进入我国农村。

（二）农村金融的发展对农村经济产生重要影响

1. 农村金融有利于促进农业生产关系的发展

我国农村有不同的经济组织形式,既有全民所有制的国有农场,也有以家庭承包经营为基础的合作经济,还有个体、联营等其他多种经济形式。无论哪一种经济组织的发展,都需要农村金融体系的支持。因此,通过调整现有农村信贷的结构与投向,有助于我国现有的农村生产关系发展,维护农村经济制度的稳定。

随着我国城市化步伐的加快,将农民变成市民。这是一个伟大的变革,说明我

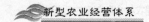

国农村正在朝向一个新的生产力发展阶段前进。而这种新的生产关系的发展,需要农村金融体系的大力支持。大规模农业要发展好,不仅需要我国农业生产制度实现变革,更重要的是资金的支持。这就要求我国农村金融体系实现产品方面的变革。

2. 有利于推动农村生产力的不断发展

具有政治经济学常识的人都知道,生产力的一个重要标志就是生产工具。在现代农业发展中,生产工具的变革需要投入大量的资金,这一点正是我国农村所欠缺的。运用和扩大农村金融力量,发放设备贷款、生产费用贷款、经营贷款和开放性贷款,改善我国农村生产条件,提高农业经济生产的效率。

资金的汇聚还代表着生产力量的汇聚,生产资金的流动推动了我国农业生产资源的流动。在资金的推动下,我国农业人才资源这一更为重要的生产力变革资源会更大规模地投入到农村生产之中。

总之,大力组织农村资金,加大对农村经济的信贷投入,可以大力促进农村生产力的发展,提高农民收入水平。

3. 有利于调控农村经济

农村金融机构通过政策的引导来调整信贷资金的贷与不贷、贷多贷少、期限长短、利率高低等,从而体现对农村经济各行业与单位的限制与支持,影响农村经济单位生产什么、生产多少、怎样生产等各个方面。因此,农村金融是国家对农村经济进行宏观调控的重要杠杆。

二、我国新农村建设呼唤与之相应的农村金融体系

构建社会主义新农村必须具有资源的支撑,资金投入是解决"三农"问题的物质基础和财力保障,所以,也是我国社会各界关注的焦点。从当前我国农村发展的现状来看,我国农村资金短缺依然严重,已经成为制约我国农业经济发展的重要因素。

当前我国城乡社会存在明显的二元化情形。城市经济的大力发展,在一定程度上吸收了农村社会赖以发展的资金需求,这使得资金原本就不富裕的农村经济面临更加严重的困难。因此,如何打破城乡二元壁垒,使农业经济与城市经济生长在同一天空下,成为各界需要思考的共同问题。

（一）我国农村金融市场需求的鲜明特点

合适的金融制度安排必须能够满足微观主体的金融需求，有什么样的金融需求，就应有什么样的金融安排与之适应。

因为生产关系必须适应生产力发展的需要，不同生产力水平要求不同的金融服务方式。农村金融市场的需求受制于农村经济发展水平和农村经济主体的需求。目前我国农村还是以家庭为生产和生活的基本单位，生产规模小，生产条件简单，自给自足与商品交换并存，重视亲友关系，依恋土地。所有这些因素都决定了我国农户的储蓄及借贷行为特点：自我保障式的储蓄倾向较强，具有"轻不言债"的观念且正逐步转变，向亲友借款的比重仍然较大。[①]但随着改革开放的深入和农村经济的发展，农村经济服务需求也呈现出新的特点。

1.需求主体多元化

农村金融市场需求是随着我国经济的发展而发展起来的。在计划经济时期，农村金融市场的需求主体是农村集体经济组织，作为整个国家经济的一部分实行信贷配给制。改革开放之后，农村市场经济的发展，培植了多元化的真正市场经济主体——农户、个体工商户，私营企业、乡镇企业、各种经济合作组织等，他们正是农村信贷的主要参与者。

改革开放以来，随着我国农业生产力的发展，我国农业商品化和市场化的程度不断提高，农村经济结构和农民的生产方式也发生了重大变革，专业大户、个体工商户，农产品加工、包装、运输企业，各种经济组织如雨后春笋般涌现。与之相应变化的是金融需求主体的不断发展。放下多元的需求主体不论，仅从农村企业出发，根据经营内容和生产规模也可以分为初级加工的乡镇企业、发育中的龙头企业、成熟的龙头企业等。不同类型的企业的金融需求也就日益多样化。再从农村需求主体最多的农户来看，有贫困农户、有以家庭为生产单位的个体农户，还有规模较大的、经济实力较强的联合种植大户、养殖专业户等。根据对分布在全国31个省、自治区、直辖市的340多个农村固定观察点、2万多个农户的分析可知，农户就业和收入结构呈现三大特点：一是农户种养业以外的产业增加和外出就业增加，农户经济活动多样化。二是农户家庭经营比重持续下降，其他形式收入比重不断上升。三是外出就业和经营企业收入增势强劲。这些都表明我国农户和农村企业经营活动复杂化、收入来源和生产规模多样化，反映到金融市场上就是需求主体多元化。

① 　成思危.成思危论金融改革［M］.北京：中国人民大学出版社，2006.

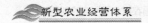

2.需求层次多样化

需求主体的多元化必然产生多样化的需求。基本的存贷款业务已经不能满足农村的资金需求了。随着农村产业结构的升级,农户和农村企业规模的扩大,它们对金融服务也提出了较高的要求:贫困农户的生产和生活资金都比较短缺,有的温饱尚成问题,信贷需求主要集中于基本生活开支;以家庭为生产单位的个体农户已经基本解决温饱问题,具有一定的信用意识,比较讲信誉,信贷需求有小额、分散的特点,主要用于基本生活开支和小规模的生产需求;个体工商业户、种养大户资金实力较强,具有较强的市场意识和信用意识,有进一步扩大生产规模和开拓市场的需求,其信贷需求主要用于生产经营;初级加工的乡镇企业一般是立足于当地的资源优势而建立,产品的附加值和科技含量不高,没有固定的分销渠道,容易受市场波动的影响,企业生存和赢利的不确定性很大,这一类企业的信贷需求主要集中于生产周转资金;发育中的龙头企业处于企业生命周期的成长阶段,具有一定的不确定性,贷款风险较大,对企业扩大再生产、开拓市场的资金需求很迫切;成熟的龙头企业资金实力比较雄厚,有稳定的供货来源和分销渠道,有较为健全的承贷主体,金融需求主要集中于生产经营。

综合来看,农村金融不仅有消费信贷需求也有生产信贷需求,不仅有短期信贷需求也有长期信贷需求,不仅有商业信贷需求也有政策性信贷需求,不仅有小额、零星的信贷需求,也有大额、批发式的信贷需求,并随着经济发展,直接投融资需求将呈增长态势。

(二)当前农村多元化经济主体的投资与借贷需求未能满足

随着改革的深入,城乡个体私营经济迅速崛起,规模不断壮大,农户、个体工商户、农村中小企业等逐渐成为市场经济主体和社会投资的新兴力量。时代在发展,农民的收入也在逐步增加,这就为农村民间金融市场提供了资金来源。然而这样庞大的资金可选择的投资方式不多:第一,用于银行存款、购买国债或手持现金,这种投资尽管安全,但收益率太低。农村金融的低利率和服务机构的撤并,导致农村的闲散资金难以充分资本化。第二,投资于股票市场,由于农村信息的相对闭塞和个人文化素质的限制,这些资金投资于股票的可能性较小。第三,投资于民间借贷、各种营利性集资、合会等非正式金融领域。这种投资具有一定风险,但收益明显较高,因而被许多居民所接受。与农村提供的巨量资金成明显对比的是我国农村经济面临庞大的资金需求。造成这一局面的原因则是我国长期以来所奉行的财政政策与金融政策。

通过以上分析可以看出，随着我国农村经济的飞速发展，我国农村信贷市场的需求呈现出需求主体和需求层次多样化的特点。但是这些需求并没有得到很好的满足，存在很大的资金缺口，市场潜力巨大。

（三）未来新农村建设及其发展的金融需求预测

2005年，"十一五"规划明确提出了新农村建设的目标。提出了"生产发展、生活富裕、乡风文明、村容整洁、管理民主"五点基本要求，这是统筹城乡发展、增加农民收入、实现共同富裕的根本途径。其目标任务是：建设新村镇、发展新产业、培育新农民、组建新经济组织、塑造新风貌，创建好班子。尤其要加快农业结构调整，发展特色经济，培植新的优势产业，千方百计增加农民收入，这势必要求加大对农村的投资强度，进一步拓展农村信贷市场空间。

一方面，农村税费改革、城乡统筹、新农村建设等一系列农村导向政策，将有利于农村的资源分配。我国2014年中央财政农业预算数为303.61亿元，地方财政投入数量则更大。财政对农村投资强度的加大，将以乘数效应拓展农村信贷市场规模，改善农村投融资生态环境，提高投资收益率。另一方面，据戈德·史密斯的理论，资金需求量与经济总量正相关，欠发达国家两者的比率约为0.8，但经济发展到一定水平后，该比率会超过1。这个数字我国早在2002年就已经达到1.81。但同期资金供给仅能满足约1/3的需求，随着经济增长资金需求必将扩张。

一是生产经营性需求增长。农户未来的借款意向能够在一定程度上反映对信贷资金的潜在需求。二是消费需求扩张，目前由8亿多人口组成的2.38亿个农村家庭所占全国消费品市场份额不足40%，农村消费信贷市场潜力巨大。据专家测算，1978年以来，中国农业生产信贷对农业生产总产值的弹性系数为0.6662，对农村居民收入的弹性系数为0.61，也就是说，每增加100元农业生产信贷，可以增加66.62元农业总产值、61元农村居民收入。随着农民收入的增加，进一步拓展农村消费信贷需求。农村居民所拥有的耐用消费品数量远远低于城镇居民拥有量。对于农村8亿多的人口所组成的2.38亿个家庭，任何商业的普及率只要提高一个百分点，就会增加238万台（件）的需求。当然，东、中、西部农民收入有差距，随着西部大开发的推进，中西部发展步伐加快，若能平衡发展，农村市场的带动力

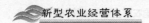

将更加巨大，其中重点在于农村消费市场。

由以上论述可以看出，新农村建设的信贷资金需求主要体现在：农业基础设施建设、农业科技推广运用、农村工业企业发展、农村市场体系建设、农村信息设施建设、农村生态恢复、农业服务体系建设、农村扶贫和农业开发、农村小城镇建设、农村生活消费等方面。

第二节　农村金融制度创新路经研究

从上文的论述来看，我国农村金融体系在我国农业经济发展的过程的地位举足轻重。然而现实则是我国农村金融体系的现状难以适应我国农村经济发展的需要，制约了我国农村经济的发展。因此，要建设社会主义新农村，实现我国农村经济的发展首先就要实现我国农村金融制度的创新。

一、我国农村金融体系现状

（一）农村金融供给整体上严重不足

从供给方面看，一是民间资金丰裕。据调查，目前中国地下信贷规模已近8000亿元，地下融资规模占正规途径融资规模比重为28.07%。二是正规金融机构有足够的信贷潜力。这两个方面都说明我国农村金融供给充足。

我国农村金融体系由四部分金融机构构成：一是国家金融机构，包括中国农业发展银行和中国农业银行；二是地方性金融机构，包括农村信用合作社、农村商业银行和农村合作银行；三是非银行金融机构，包括保险公司、信托投资公司；四是民间融资组织，包括农村扶贫社、农民互助储金会、民间私人信贷组织、国内非政府组织等。构成中国农村金融的供给主体是中国农业银行、中国农业发展银行、农村信用合作社三大金融机构。

虽然我国农村金融机构建制十分健全，然而我国金融机构提供的农村贷款总额却不大。至2011年，我国农村金融贷款总额为2.6万亿元人民币，当年农合金融机构的存款则突破了10万亿，银行业贷款总额为54.8万亿。从这三个数据可以看出，农村金融机构向农村的贷款投入总量存在严重不足。

另一方面，尽管金融机构中的农业与乡镇企业贷款在金融机构的全部贷款中占有一定比例,但贷款的投向结构却有很大的差异:信用社占据了整个农村信贷市场的65%～70%的份额,而国有商业银行对农村的放款主要是集中于大型基础设施、国债配套资金和生态建设的贷款等项目,面对迫切需要提供金融服务的农业生产和中小型工商业活动却处于全面紧缩状态。

(二) 农村金融供给不足的制约因素探究

1. 农村信贷市场的低赢利性和服务群体的弱质性是根本制约因素

农业是国民经济的基础,农业劳动生产率的提高是工业化的起点和国民经济稳定发展的前提。要保证农业的稳定发展,切实提高劳动生产率,就需增加对农业的投入,这需要满足两个条件:一是农产品的销售收入必须高于农业生产的投入成本,二是农业投资的收益率必须高于、至少不低于全社会平均投资收益率。而我国农村有很多地区的农业生产基本都处于靠天收的状态,自然灾害的风险对农业生产有很大威胁。不仅如此,农产品还受市场风险的威胁较大。因此,农产品的社会和环境效益高,但是其经济效益低。农村经济的弱质性、农村城镇化水平滞后及城乡二元分割,降低了农业的投资收益预期。

同时,农村借贷主体的弱势特征明显:一是居住分散,贷款缺少规模效应,贷款成本高。二是缺少抵押与担保,土地与房产具有基本生存保障作用,规定不得抵押,加之银行要求的资产抵押率较低,成为制约银行信贷投入的症结。三是经营信息难以被掌握。作为农村经济主体主要收入来源的农业收益,受自然与市场双重风险约束,不确定性较高;农村企业财务透明度低,制度不健全,会计信息失真,运作不规范;由于企业规模小、产品单一、科技含量低,决定了其抵御市场风险能力较弱,加大了信贷风险。四是农村区域信用生态差,部分农户、个私企业信用缺失,容易造成金融交易的信息不对称、逆向选择和道德风险,客观上制约了信贷供给。

2. 体制因素:国家相关金融抑制政策和工业、城市优先发展战略

几十年的相互依赖形成了国有企业对国有商业银行信贷依赖的刚性以及监管机构对国有银行约束的软性,形成金融资本主体的国有性与农村产业资本主体民有性的不兼容,呈现二元化的农村金融结构。

其一,以国有商业银行为主体的农村金融体系垄断储蓄信贷市场且对农村经济贷款连年下降。当前在全部银行信贷资产中,非国有经济使用的比率不到30%,70%以上的银行信贷仍然由国有部门利用。

其二,金融资源大幅度向城市及国有企业集中。金融贷款的蛋糕一年比一年大,农村贷款数额却不断减小,其余资金的流向自然是城市和国有企业。一方面,自 2003 年以来,我国各地大规模推行城市化战略。城市化过程中的各项投入都需要资金支持。另一方面,我国各地普遍存在过剩产能问题。以钢铁行业为代表的过剩产能一方面为当地的 GDP 发展带来一定回报,另一方面则吸收了大量的贷款。

3. 政府主导、强制变迁的农村金融体制脱离农村经济的实际需求

(1)当前新农村建设金融服务的需求特点。

目前农村生产力具有如下特点:一是当前传统农业与现代农业并存,并且以传统农业生产方式为主,也即生存型农户和经营型农户并存,且以生存型农户为主;二是经济体制改革以来,农村经济组织的产权结构、组织形式发生了深刻变化,实现了多元化和市场化,农村产业结构实现了重大调整,第二、三次产业的比重上升,私有企业得到较快发展;三是农业的资金投入量和科技含量不断增强;四是农村经济主体实现了多元化,农户、个体工商户、乡镇企业等皆成为产权独立的市场经济主体。

以上特点决定了农村金融需求的层次性和多元化。传统农业生产方式和生存型农户为主的现状决定了小农传统金融需求,因为农户的主要目标是生存与安全,储蓄意愿和能力有收入水平(相对较低)决定,所以其需求首先是货币,其次才是金融服务。信贷资金主要被用于两个方面:一是农业生产性需求,因生产性资金缺口而提出的信用需求必然具有季节性、长期性、风险性和小额分散性特点;二是生活性需求(占相当大的比例),主要用于维持日常生活消费支出,以及修缮房屋和婚丧嫁娶。这部分信贷既缺乏未来收入作为还款的保障,也难以提供合格的抵押品。这一部分贷款需求对商业性金融也不具有吸引力,关键是没有商业性金融赢利目标的实现基础,并且生产性需求和生活性需求难以被明确区分。随着农民收入的不断提高,农村出现了新型集体经济组织、经营型农户、个体工商户、乡镇企业等。这些经济主体逐渐地倾向于节约人情成本,放弃人情信贷而选择商业性信贷。特别是随收入能力和资产状况的增强,规模经济特征日渐明显,对融资的规模、渠道、方式也有了较高的要求,金融资产投资需求也多样化了,日益成为商业性金融的服务对象。

总之,目前农村经济实况决定了农村信贷需求具有生存性为主、少抵押担保、欠还款保障、层次性和多样化等特点。有什么样的金融需求,就应该有什么样的金融制度和产品供给,供给要基于农村经济实际,以有效满足多样化的市场主体需求方式为目的。

（2）政府主导变迁的农村金融体制服务供给的绩效分析。

政府意愿可以代表农村经济需求主体的意愿,但政府的需求不一定是农村经济主体的需求,不同的利益主体必然存在期望偏差,因而,政府主导、强制性的农村金融体制变迁的实际绩效自然偏离制度设计的初衷。

其一,农业银行随着商业化战略调整,逐步退出农村信贷市场。20 世纪 80 年代以前,农业银行全部贷款的 98% 以上集中投向了农村。因为农村金融市场的信贷需求具有小额、分散、高风险、个性化的特点,这样一个低端信贷市场对于实行商业化、专业化管理、追求规模经济的商业银行而言是无利可图的,甚至是亏本的。1994 年以后,随着农业银行商业化改革进程的加快,农业银行的金融资源配置不再局限于农业和农村,其机构网点逐步收缩,大多数乡镇地区仅保留分理处。虽然农业银行在大多数地区仍然保留了县级分支机构,但由于实行了严格的贷款权限控制,县级农业银行基本上只存不贷。而且随着农业银行市场主体地位的确立和商业化进程的加快,逐步退出农村金融市场。

其二,农业发展银行职能单一,有"发展"之名,无"发展"之实。1994 年,为了引导社会资金投向农村和促进资源优化配置,成立了政策性金融机构——中国农业发展银行。组建时,它承担着国家粮棉油储备和农副产品合同收购、农业综合开发、扶贫等业务的政策性贷款、专项贷款业务,并代理财政支农资金的拨付及监督使用。1998 年,在粮食流通体制改革中,粮棉油收购资金缺口扩大,农业发展银行在收购资金封闭管理中出现一定困难,于是国家将开发性贷款及粮棉企业加工和附营业务的贷款权划转给中国农业银行,中国农业发展银行成为单纯的粮棉油等农副产品收购贷款银行。

农业是我国的基础产业,农业发展银行在这一领域应该有广阔的发展空间。但是由于资金成本高、定位不准确等原因,其政策性作用没有充分发挥,背离了建立的初衷。长期以来农业发展银行的贷款业务仅限于粮、棉、油的收购和储备资金的供给,业务范围狭窄,而对于需要大量政策性资金投入的农业基本建设和农业综合开发却投入甚少。随着粮食购销市场化程度的提高,粮食购销主体的多元化,国有粮食购销企业收购量明显下降,以购销信贷为主的农业发展银行的贷款业务也出现明显的下降。农业发展银行需要进一步定位,信贷业务应适应当前社会主义新农村建设的需求。

其三,区域性的农村信用社已成为农村资金市场的"主力军"。各大商业银行从农村领域退出,客观上促使农村信用社成为农村金融市场的主力军。但从贷款结构看,农村信用社农户贷款占比低,远远不能满足农户的市场需求。需要说明的是,农村信用社作为市场主体,在追求自身利益最大化的过程中,贷款结构的"城市化"和"非农化"趋势亦非常明显;同时农村信用社正处于改革的关键阶段,长期以来面临着产权不清、管理体制不顺、员工素质低下、历史包袱沉重等问题。尽管在国家政策性补贴等政策措施支持下经营效益有所好转,但是,作为弱势者,要其承担"支农"重任,实在是勉为其难。

其四,非正规金融在非法状态下成为农村资金市场的重要补充。非正规金融,也即民间金融,是指农村中由"非法"的金融组织所提供的间接融资以及农户之间或农户与企业之间的直接融资,其主要组织形式包括自由借贷、银背和私人钱庄、合会、典当业信用、民间集资、民间贴现和其他民间借贷组织。在市场经济条件下,有需求必然产生供给,农村金融市场的不均衡必然引致新金融供给的产生,资金作为一种市场资源要素,必然按照价值规律和市场需求找寻保值增值的途径。民营部门对资金的有效需求无法满足时,各种非正规金融会弥补资金缺口,各种形式的民间金融形式会应运而生。当然,即使正式金融提供了社会所需的满意的金融服务,作为一种原始的民间信用形式,以民间借贷为代表的民间金融也将长期存在,因为总有一些服务领域是正式金融无法顾及的。随着农村经济发展,新的金融服务需求不断产生,由于民间金融能及时捕捉到市场需求信息,先于正式金融为市场提供金融服务,因而民间金融涉及的广度与深度要比正规金融大得多,其存在与发展具有必然性。

其五,邮政储蓄只存不贷,成为农村资金市场的"抽水机"。2003 年 8 月以前的邮政储蓄不是农村信贷市场的供给主体,却是农村信贷市场竞争的主要参与者。自 1986 年恢复邮政储蓄业务以来,邮政部门利用遍布城乡的网点与利率优势办理个人储蓄业务,其吸收的存款全部上存人民银行。目前我国 5 万多个邮政储蓄网点,绝大部分在农村,其存款的 66% 左右是在县及县以下吸收的,因此邮政储蓄成了名副其实的农村资金的"抽水机"。这对于供求矛盾突出的农村信贷市场无异于釜底抽薪。国家已经意识到了这个问题,并于 2003 年 9 月 1 日下发了《关于邮政储蓄转存款利率有关问题的通知》,明确自 2003 年 8 月 1 日起邮政储蓄新增存款利率按照金融机构准备金存款利率计息。同时允许其进入银行间市场参与债券买卖,与中资商业银行和农村信用社办理大额协议存款,与政策性银行进行业务合作。目前,邮政储蓄的改革正在进行之中,一个从事城乡小额信贷业务,并且构成农村金融市场竞争主体的邮政储蓄银行即将诞生。

通过以上分析可以看出,我国农村信贷市场供给主体比较单一,供给总量不足。就正规金融机构而言,唯一服务于农村的商业性银行——中国农业银行正在逐步退出农村信贷市场,唯一服务于农村的政策性银行——农业发展银行举步维艰,基本的政策性职能没有发挥,面临着何去何从的尴尬局面,而所谓的农村金融市场的"主力军"——农村信用社缺乏足够的动力坚守农村市场,正在进行的商业化导向的改革亦使其具有脱离农村金融市场的预期。邮政储蓄这个准金融机构一度成为农村资金市场的"抽水机",现在该问题仍未能得到根本解决;农村合作基金会本应是处于资金饥渴状态的农村资金市场的福音,但却由于经营违规、管理不善导致了被取缔的命运。民间金融却因未获市场准入,没有合法地位,处于地下运行状态。

4. 信息不对称制约农村信贷市场功能的发挥

信息不对称是指信息在相关经济当事人之间呈现不均匀、不对称的分布状态。在信贷市场上,银行与借款者存在信息不对称。事前银行缺乏有关经营者能力和企业与项目质量的信息,容易导致逆向选择,即在较高的贷款利率下某些借款者相对安全的投资变得无利可图,致使低风险、高质量的项目退出信贷市场,从而使信贷申请者的整体风险水平提高;事后难以获得投资项目选择和企业经营的信息,难以进行有效监督,可能导致道德风险,即银行不能对贷款者的投资项目进行有效监督,个别贷款者可能会投资风险高、成功收益高的项目,造成银行预期的回收贷款利息的利率下降,提高了贷款风险。我国农村信贷市场的信息不对称具有强的信息不可获得性与弱的信息不可确认性的特点,增加了农村金融机构的信息获取成本。这也正是导致农村信贷市场的信贷配给、信贷交易萎缩,尤其是商业银行市

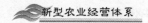

场退出的重要原因。

二、创新我国农村金融服务支持体系的目标和原则

创新农村金融体系,使之适合于我国农村经济的发展,必然要经历一个复杂的、动态的、渐进的、长期的过程。因此,明确农村金融体系构建的目标和原则非常必要。

(一)农村金融体系创新的理论基础与目标

创新适合我国农村金融体系的问题从建国初期就已经提出,但 1978 年之前由于我国实行的是计划经济,金融体系在整个国家经济体系中所发挥的作用十分有限,农村经济发展对金融的需求不强,因而农村金融体系的构建非常缓慢。改革开放以来,农村金融体系从单一的国家银行系统逐渐演化为目前以农业银行、农业发展银行和农村信用社组成的主导型正规金融与民间非正规金融并存的格局,中国农村金融体系的构建和演进基本上走的是"机构路径"的演进模式,追溯其理论基础,我国农村金融体系的构建和改革是基于金融机构观。

1.创新金融服务体系的金融机构观

金融机构观认为,金融体系的建立是为了满足实际经济部门融资的需要,配合实体经济部门的发展而存在的。换句话说,金融体系的构建是需求导向型的,先有需求而后构建,因而金融体系的构建是被动的。正是因为金融机构观的这种被动性的特点,决定了基于金融机构观的金融体系设计和构建具有极大的局限性。金融机构观的主要缺陷是只注重金融结构内部的存量改革,忽视农村金融体系构建的目标及农村金融体系应承担的基本经济功能等问题。其结果是,改革的措施虽然很多,但农村金融体系固有的问题却总得不到有效解决,农村金融体系的资金配置功能得不到很好的发挥。

2.创新金融服务体系的金融功能观

创新金融服务体系的金融功能观的重要着眼点是金融体系应该承担基本经济功能。这一观点认为,在金融体系构建中,金融体系功能的实现比金融机构更加重要,只有金融机构不断创新和竞争才能使金融体系更具强大的功能与效率。因此,金融功能观首先要解决的是:金融体系应承担什么样的功能,根据其承担的功能再构建合适的组织结构。衡量一种金融体系或组织机构是否最优的标准是"时机"和"技术"。笔者认为,功能观更适合与当前我国农村金融体系创新。我国服务农村的金融机构数量庞大，但是绝大多数都十分被动，无法满足"三农"发展的需要。从金融功能观出发，我国农村金融体系构建首先要考虑经济整体发展水平，农村经济发展对金融体系功能的要求，构建能够实现相应金融功能的规则、制度等具体的金融形态，并对现有的农村金融机构进行存量结构优化。

3. 构建农村金融体系的目标

从金融体系创新的金融功能观出发，金融结构优化不仅要着眼于现有金融机构存量优化，更要注重金融增量建设，引入新的力量，通过这些新生力量使得金融结构更加合理、高效地实现其功能。中国农村金融体系构建的目标，在本质上应该是实现农村金融结构的优化和金融深化，充分考虑中国"三农"对金融服务需求的特点，构建多层次、广覆盖、可持续的农村金融体系，包括构建农村金融组织体系、农村金融市场体系、农村金融产品体系和农村金融监管体系，增强农村金融为"三农"服务的功能，为建设社会主义新农村提供有力的金融支持。

（二）构建农村金融体系应遵循的基本原则

中国农村金融体系的构建，应立足于中国经济发展大背景，以及中国农村问题的现状。基于对金融功能观的考虑，应遵循下列基本原则。

1. 市场导向原则

所谓"市场导向原则"是指将农村金融服务置于市场经济基础，并以市场机制配置农村金融资源。市场化导向原则不仅是农村金融服务支持体系应遵循的原则，也是在充分考虑和借鉴发达国家与发展中国家农村金融体系设计的经验基础上提出的。农村金融体系设计的市场化导向，是基于农村金融"内生"于经济市场化进程的客观规律。农村金融支持体系的市场导向原则包括下面几层含义：

（1）市场机制应作为中国农村金融体系的基础性运行机制。

（2）农村金融服务必须坚持市场化导向。

（3）通过市场手段提高农村金融服务支持体系的绩效。

（4）通过市场机制作用促进农村金融深化。

2. 竞争性原则

农村金融体系构建的竞争性原则指的是农村金融服务应遵循市场化原则，在金融体系构建时应该防止垄断，引入合理的竞争机制，引导金融机构之间在适当的业务领域公平竞争。

理论界对于农村金融市场的竞争性问题存在不同观点：一种观点认为农业是"天然的弱质产业"，不赞成金融机构在农村金融市场中展开竞争，主张对农村金融机构和农村金融市场采取保护措施而非引入竞争机制。另一种观点认为农村金融机构应该存在竞争，只有竞争才能使金融机构积极拓宽市场，更好地为"三农"服务。笔者支持后一种观点，竞争有利于农村金融市场健康、有序地发展，有利于降低农村金融服务的价格，有利于支农金融机构绩效水平的提高。从经济学的角度出发，竞争性原则包含如下几方面的含义：

（1）竞争的多层次性。创新金融体系的过程中需要我国农村金融机构满足不同农村主体的金融需求，这就构成了我国农村金融需求的多层次性。而需求的多层次性则说明了金融市场的多层次性，进一步明确了我国要构建多层次的金融体系。

（2）市场对竞争主体的约束性。我国农村金融机构目前以国有金融机构为主导，而国有金融机构最显著的一个特点即是盈亏不自负。盈亏不自负的国有金融机构在参与农村金融市场的过程中失去市场的约束，没有"惩罚"的经营就会变得"放肆"，这对农村金融体系的创新极为不利。通过市场约束使金融主体不断地自我完善、自我约束、自我提高，优胜劣汰，最终提高整个金融体系的效率和水平。

（3）竞争主体的多元性。农村金融体系构建应该保证体系的开放性，以吸引不同种类的竞争主体参与到农村金融市场中来。根据不同地区农村经济的实际情况，大力发展多种所有制的农村金融组织。鼓励有条件的地方，在严格监管、有效防范金融风险的前提下，通过吸引社会资本、私有资本以及外资等，发展和培育小额信贷组织、资金互助组织、民营银行等新型的金融主体。

（4）竞争与保护的适度与协调。强调竞争性并不是完全放弃保护，竞争与保护的最终目的都是为了使农村金融体系更好地发挥支农作用。农业既是国民经济的基础产业，又是弱质产业，这种产业的二重性决定支持农业和农村经济发展的农村金融要受到国家财政、政策等方面的扶持。农村金融机构之间竞争的广度、深度相比于城市金融更具有"适度性"。农村金融的竞争机制与政府扶持政策的目的一致，两者对应的是农村金融需求的不同层次，在金融体系构建中必须注意到二者的协调性问题。

3. 差异化原则

农村金融体系构建的差异化原则的含义是：农村金融体系构建要考虑到农村

不同地区需求的差异性特点,金融体系也应具有地区差异性。农村金融体系构建的差异性是因为农村金融需求的多样性,以及不同地区农村金融的差异性特点所决定的。农村金融需求的多样性不仅表现在不同经济发展水平的区域差异上,在同一区域的不同农户之间也具有较大差别。因此农村金融体系的构建和完善必须注意到金融服务供给的多层次性以及不同地区差异性,综合考虑正规金融和非正规金融,商业性金融、政策性金融和合作金融的特点,针对需求的差异,实行有差异的金融制度安排,从而为整体农村经济的发展提供多样性、多层次性的金融服务。

我国作为转型时期的农业大国,区域间经济发展不平衡,不同地区农村经济发展水平差异更大。从需求的角度看,农村金融制度安排也必须呈现出较大的差异性,如果采取统一的强制性的制度安排,必然造成供需不匹配,与资源浪费。一般来说,在经济发达地区,由于资本已初具规模,生产规模普遍比较大,农业产业化经营已发展到一定水平,正规金融机构与农户的贷款边际成本比较低,可以以正规金融制度安排为主,并积极引导非正规金融等多种类型的金融机构开展业务,促进农村金融市场的繁荣、促进市场经济的发展。目前,在我国东部经济发达的省份就可以采取上述制度安排。但在经济比较落后的地区,如西部地区,由于正规金融制度安排操作成本和风险成本都较高,应以发展"非正规"金融和政策性金融为主,同时规范"非正规"金融的业务,使其成为欠发达地区资本原始积累的重要渠道之一。

4. 金融效率原则

所谓金融效率是指以尽可能低的金融交易成本和金融机会成本,将有限的金融资源进行优化配置,实现其有效利用并获取最大限度的金融资源增值。金融效率决定经济效率,但金融效率必须以金融机构效益为前提。农村金融体系构建的"金融效率原则"的含义是: 在给定的金融环境下,金融运行通过合理的制度安排,谋求实现最大化的产出或增值,以实现有限金融资源的经济效益,从而使有限金融资源最大化地实现支农效益。尽管市场经济本身是一种效率经济,但是现代市场经济的信用化和货币化,使经济效率不可能独立实现,必须借助于金融配置,因而金融效率成为现代市场经济效率的核心。从理论上说,金融效率的实现必须满足"帕累托最优条件"。但从实践上看,经济社会很难创造出的"帕累托最优条件",多数情形下,这些条件很难在一个不确定性的金融运行中获得完全理想状态的满足,因此,实际经济中的金融效率实现经常是一个所谓"帕累托改进"或逼近的过程。这样就存在一个如何从实践中满足金融效率的实现条件问题,即如何使金融资源总量、金融经济自身的金融运行结构与状态、经济社会的金融制度安排、金融体制建构与金融政策设计、金融环境、金融创新与交易技术的进步等和谐有效地运行,有效配置,实现效益最大化。

农村金融不同于城市金融,农村金融体系也不同于城市金融体系,农村金融体系作为促进农业和农村经济发展的一种金融制度设计,其最核心的职能定位于为"三农"发展提供信贷资金支持。从"三农"的金融需求看,其具有资金需求量小、季节性强、点多面广的分散性、经营成本高和风险的外在性强、不可人为控制等特点。这种特点对金融机构的风险管理和经营效率提出了更高的要求,只有提高效率、实现经济效益,才能可持续地为"三农"发展提供金融支持。当然,农村金融机构效益提高和可持续发展可以从两方面考虑:其一,利率水平足以覆盖风险。其二,以优惠政策对冲风险。总之,金融体系的构建应该遵从效率原则,明确农村各类金融机构的功能定位,用市场原则促进各类金融机构之间的功能交叉和适度竞争,在竞争中形成风险定价机制。

5. 全面协调、和谐发展原则

农村金融体系的构建不仅涉及金融,还与农村政治、经济与社会发展的各个方面密切相关,是一项复杂的系统工程。因此,在农村金融体系构建和完善过程中,不但要注重金融体系内部各类行为主体的协调,还要注意综合考虑社会、政治、经济、环境等各方面因素,坚持全面协调、和谐发展原则。

首先,要注重政府与金融机构的关系。我国是一个政府主导型的政治经济体,各级政府在辖内政治、经济生活的各个领域发挥着主导作用,因此,脱离政府进行农村金融改革的思路是不现实的,关键是要处理好各级政府与金融机构的关系,在权、责、利明确的基础上实现权利与义务相互对等。对此需要从制度上加以明确,转变政府职能,真正实现"大市场、小政府"的定位,使市场与政府各行其是、相互补充。

其次,协调商业性金融与政策性金融、正规金融和非正规金融的关系。农村金融体系的构建和完善涉及政策性金融和商业性金融、正规金融和非正规金融的定位。农村金融服务体系的创新关键点就在于为这几类金融机构做好定位,服务农村不同层次主体的需求。就宏观金融而言,商业性金融以市场机制为基础性配置机制,按照完全的市场经济原则,在追求支农效应的同时,注重金融资源的增值。政策性金融以国家财政补偿、国债金融、中央银行农业再贷款等形式为其信贷资金的主要途径,通过政策性支持形成对农业的金融支持。正规金融发展历史比较长,风险控制、运行机制比较规范;非正规金融在我国发展的历史比较短,风险控制、运行机制等合规性比较差,但又是农村金融体系中非常重要的支农力量。因此,在保证金融支农作用的可持续性和高效性、金融体系构建和完善中,必须协调上述各类不同性质的金融机构,更好发挥金融支农的作用。

最后,要协调好金融创新与金融监管的关系。中国农村正规金融机构在农村的业务比较单一,运作时间比较长,风险管理制度相对比较健全。因此,农村金融监管的重点是非正规金融机构及金融创新问题。如对农村中小民营金融机构的设置应建市审批责任制和数量控制制度,形成有序的竞争格局,规范过度竞争带来的风险;建立农户融资中的抵押品创新制度,发展抵押品的多种替代形式,促进农村抵押市场的多样化;鼓励金融机构开发面向农户的金融产品,如贸易信用、生产设备融资、远期合约、农产品期货等。加强对小额信贷公司等民间金融的引导和监管,使各种金融创新更好地为"三农"服务。

三、以现行农村金融体系为基础,创建适应新农村需求的金融服务体系

间接金融是农村金融服务体系的主力军。在新农村金融体系建设的过程中,我们必须构建以间接金融为主的多元化农村金融组织体系。从金融功能观出发,这一体系必须在功能重新定位的基础上,以合作金融为基础、政策金融为保障、商业金融为重点、小型商业金融为补充,产权上国有与民间并重。

(一)现行农村金融组织体系的改革和完善

其一,进一步深化农村信用社试点改革。新一轮农村信用社改革的重点和难点主要表现在:一是在明确产权的基础上,完善股权设置,按照现代企业制度的要求,建立决策、执行、监督相互制衡的法人治理结构。二是严格风险的监控考核,建立健全风险校正和市场退出机制,及时采取风险预警、停业整顿、依法接管、重组等措施,有效控制和化解风险,防止不良资产的重新积累。这次改革基于这样的假设:通过产权改革建立的治理结构,减少内部人控制和寻租行为,减少犯错误的概率。而实践却未必如此。银行经营的成功因素在于正确的经营策略,而不仅是产权或者股权安排。所以改革重点应是专业化经营、法制化建设和整体经济素质的

改善,尤其是人员专业化、业务专业化、风险分散化、信息集中化和贷款零售化。这从另一角度补充了改革方案之不足。改革必须是为了一个目标:满足"三农"的需求。

其二,强化政策性金融功能。调整农业发展银行的业务范围,为图统一管理农村政策性业务,在致力于农村基础设施建设的同时使其承担农村信贷担保业务。中央和省级财政建立金融支农风险基金,建立政策性金融的财政补偿机制,并研究制定农业政策性金融的专门法规或条例,实现依法经营和管理。

其三,用政策和法律手段诱导商业金融对农业的投入。通过税收、提供贴息和损失补偿等政策措施,鼓励和诱导社会资金流向"三农",引导商业银行为县域经济投融资;针对农民抵押难的问题,研究适当放宽贷款条件,加快发展信贷担保机构;借鉴国外的经验和做法,明确规定商业银行为其所在社区提供金融服务的义务,将吸收存款的一定比例用于本社区信贷投入。

其四,邮政储蓄的银行化。目前邮政体制正在改革,将邮政储蓄纳入农村金融体系,充分发挥其网点贴近"三农"的优势,改变其资金利用模式,逐步推动自主运用储蓄资金。改变储蓄资金从农村净流出的局面,创新农村金融市场竞争环境。

区域经济发展的不平衡性决定了对信贷需求的差别,所以应当根据区域经济需求,构建具有差异性的区域信贷供给体系。为提高农村商业金融效率,引入竞争机制,消除农村信用社垄断所导致的效率损失,可以考虑对县域金融机构重组,使金融机构区域化。由于它们掌握着70%以上的信贷资源,所以应通过法律法规或政策措施诱导其服务于农村区域。

(二)适度发展农村非银行金融机构

转轨时期,我国农村金融需求不但量大,而且形式多样。因此,在发展银行金融机构之时,也要根据需要启动并适度创新保险、信托、租赁、信用担保、咨询、有价证券发行与代理买卖、资本运营、外汇等服务,其中包括组织机构、产品、市场等金融形态及其内部运作机制。拓宽间接融资渠道,也要大力培育农村资本市场,通过发行股票和债券筹集农业发展资金,是基于功能观的农村金融组织体系创新的另一内容。所以,农村金融改革实际是再造农村金融体系,必须以农村经济的需求为出发点。

（三）关键在于发展农村民间中小金融机构

满足"三农"需求，关键在于农村经济的民间资金的市场准入。要打破对民间资本进入金融业的限制，因为这会阻碍资本流通，干扰金融交易秩序，增加交易费用，造成资源的无效率配置。应尽快建立起市场准入、监管和退出的各项规章制度，使民间金融合法化。

其一，要适应农村经济主体需求小型与个性化特点，发展区域性民有小型金融机构。允许民有资本在一定条件下兴建，也可整合现有县域金融机构，还可以对农村信用社进行不同的产权改造，选择有差别的发展模式：股份制商业银行、农村合作银行、一级法人县联社、县乡两级法人等。受自身利益支配的小金融机构，更愿意与农村民有经济主体交易，按市场利率取得较高收益。它们提供小额贷款，便于农户、中小企业融资，同时具有空间结构效率方面的比较优势，能更好地促进个私经济增长。

其二，适应农村组织化与合作化需要，重构合作金融。一是基于地区发展程度的部分农村信用社的合作化，二是关键在放开准入限制、小额信贷实践、兼顾国家与民间主体利益基础上的农村民间金融组织制度创新，发展农村民有微小型合作金融组织，实现农村弱势群体微小资金的自助性联合。当然，民间金融与正规金融在某种程度上具有替代和挤出效应，但比较而言，弱势的民间金融因根植于市场机制而更具活力，强势的正规金融也不可能完全替代和挤出，博弈的最优解便是寻求诱致性和强制性的衔接点、国家与市场主体利益的结合点、民间与正规金融的平衡点。

（四）破解农村信贷约束条件，营造适宜的制度生态环境

一是发展农业保险，分散农户投资风险。二是建立存款保险制度，既在实行市场化退出时防范社会风险，保护存款人的利益，又强化了经济主体的市场意识。三是构建信用担保体系。由中央与地方财政、金融机构、中小企业等共同注资，或以向社会发行债券和社会捐资等形式，建立起针对农村的信贷主体，尤其是中小企业的贷款担保基金或信用担保机构，分散信贷风险，优化市场生态，提高借贷的可得率，促进供求协调与均衡。

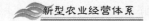

第三节　二元结构下我国农村金融抑制的原因和出路

当前,城乡二元经济结构下的农村经济与城市经济差距越来越大,农村金融抑制严重,国家的惠农政策很难在根本上改变农村经济发展滞后的状况。农村土地作为农业生产核心生产要素不能随其他生要产素一起流转,是导致城乡二元结构下农村金融抑制的根本诱因,也是国家难以在政策上有效解决"三农"问题的主要原因。

一、城乡二元经济结构下农村金融抑制的主要表现

城乡二元经济结构一般是指以社会化生产为主要特点的城市经济和以小农生产为主要特点的农村经济并存的经济结构。[1] 城乡二元结构主要体现在以下城乡之间的差距:一是城市的现代化大工业生产经济和农村的小农经济;二是城市基础设施发达和农村的基础设施落后;三是城乡人均消费水平差距大;四是城乡居民在上学、就业和社会保障方面享有不平等的权利。[2]

城乡二元结构下的农村经济发展相对较慢,城乡差距日趋拉大,农村金融服务需求相对较弱,抑制了农村金融促进农村经济增长的作用。所谓金融抑制,是"由于农村金融业受到阻碍而不能有效促进农村经济增长的现象"。[3] 二元结构下农村金融体系在整个金融系统中处在边缘化、被抑制的状态,这种状态反过来又加重了农村城市经济发展的二元对立。

城乡二元经济结构下农村金融抑制主要表现在以下几个方面。

（一）农村金融政策跟不上农村金融市场的发展需要

我国当前农村金融政策的主要目标是调节农村金融的平衡和促进农村经济的发展。但是,在市场导向和利润最大化的驱动下,大量农村金融机构退出农村转向城市,而农村金融活动缺少制度方面的约束。特别是政府没有在农村土地集体所

---

[1]　李克强.破解城市二元结构难题,走新型城镇化道路［N］.中国城市低碳经济网,2012-09-26.

[2]　夏耕.中国城乡二元经济结构转换研究［M］.北京:北京大学出版社,2007.

[3]　黄达.金融学（第二版）［M］.北京:中国人民大学出版社,2008,.

有制的前提下,创造性地制定土地流转的相关法律法规,导致土地这种农业生产的核心生产要素不能随其他生产要素一起流转,农村和城市一体化的市场被人为割裂,农村实际上处于半市场化的状态。在这种背景下,农村金融市场急需政策支持来弥补先天优势的不足。但是,只要农村的土地制度不变,就无法根本改变当前农村半市场化的状态,也就无法从根本上改变我国农村经济发展滞后、农村金融抑制严重的状态。

（二）农村金融机构组织体系存在缺陷

在市场机制的作用下,面对农村金融服务需求不足、贷款风险高的现状,为了追求利润最大化,国有商业银行已经退出农村金融服务市场。政策性银行由于自身体制缺陷,不能有效发挥其对农村金融市场的服务功能。真正与农民接触多的、能够提供金融服务的金融机构只有农村信用社。但是,目前农村信用社体制上的很多缺陷造成效率低下、管理粗放、服务水平不高等问题,没有真正承担起为农村居民提供充足资金来源和优质金融服务的使命。加上农村信用社自身积累少,面对没有抵押品、贷款风险高的农民时,在贷款方面也设置很多限制,于是信用社在农村通常只扮演储蓄机构的角色,对农村经济发展投资的贡献很小。面对简陋的农村金融体系,农民往往没有选择的余地,只能被迫接受现有的金融产品和金融服务。于是,大量资金由农村转向城市,这又加剧了城乡二元结构的形成和城乡经济发展的不平衡。农村金融机构体系的单一和简陋,使得农村金融抑制问题日趋严峻。

（三）农村金融体系运作效率低和农村金融资源配置不合理问题并存

农村金融体系不完善,农村金融机构制度建设不成熟,管理技术含量低,尤其是农村金融市场发育不良和市场运行不规范等问题,导致金融体系运营效率低下。同时,农村金融资源配置不合理问题也加剧了农村金融抑制的形成,如表6-1所示。

表6-1 2006-2013年农业贷款占各项贷款的比重

单位：亿元

年份	2006	2007	2008	2009	2010	2011	2012	2013
各项贷款总和	225285	261690	303394	319917	370627	422773	467579	508162
农业贷款	13208	15429	17628	18216	21126	24605	27587	31100

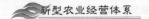
占比重（%）	5.9	5.9	5.81	5.69	5.7	5.82	5.9	6.12

数据来源：由中国人民银行统计数据计算所得，农业贷款主要指短期贷款和粮油收购贷款

从表6-1可以看出，从2006年到2013年我国各项贷款总和逐年增加，从2006年的225 285亿元增加到2013年的508 162亿元。农业贷款的数值也呈上升趋势，由2006年的13 208亿元上升到2013年的31 100亿元，但是，农业贷款的数值占贷款总和的比重非常小。我国是农业大国，农业人口占全国人口的46.22%，也就是说，我国有将近一半的农村人口，但从表6-1可以看出，近几年来，农业贷款占贷款总和的比重保持在6%左右，金融资源在城市与农村之间配置不合理，在各产业之间配置不合理，农业贷款的数额远远不足，农业贷款的缺口还很大。

在大量农村金融机构转向城市的背景下，大量农村资金也随之转向城市，用于农村建设的资金非常少，这一现象不可避免地加剧了城乡二元结构的形成，造成金融资源在城市与农村之间配置的不合理。同时，低效率和低水平的农村金融机构由于自身承受风险的能力弱，很少将资金贷给用于农业生产的农民，而是将有限的金融资源贷给农村企业或者城镇企业，这又造成金融资源在农村内部配置不合理。在这两方面因素的作用下，农村资本在供给上发生抑制，形成供给型金融抑制，主要表现为：较少的农村金融机构、较少的资本和较少的供给总量，这也是"三农"问题很难解决、农村建设推进难度大的原因。

（四）农村信用状况差，正规金融机构逐渐退出农村

目前我国仍然是自给自足的小农经济模式，其主要特征表现在传统的以家庭为单位的分散经营，这种农业生产模式受自然环境影响大，而且以农业生产为主要收入的农民，在自然灾害面前会表现出弱质性。这种弱质性带来的是农民收入的不确定性和农村金融市场低信用性，所以很多农村金融机构出于对贷款风险的考虑，大都不愿意对农民贷款，或者贷款的准入条件相对严格。与此同时，农村土地不能流转，不能为农业生产提供抵押担保，房屋作为抵押物又很难实现，同时没有人愿意或者有能力来为农户提供担保，这些又加剧了农业贷款发展经济的艰巨性。出于经济效益和信用风险的考虑，大量正规农村金融机构逐渐退出农村转向城市，这又使得农村金融抑制问题日益凸显。

二、二元结构下农村金融抑制的原因——基于土地流转视角的分析

（一）农村土地不能流转,制约了农村金融政策效用的发挥

1.政府过度干预农村金融机构的经营管理

众所周知,土地作为农业生产中的核心要素,在农业生产中发挥着至关重要的作用。在市场机制的作用下,资源本应随市场的导向自由配置,资金的流转呈现偏向城市、偏离农村的趋势,而劳动力的流转也出现季节性流动的现象。但是,由于我国农村的土地属集体所有,农村的土地不能随资金和劳动力等要素一起流转,在这种相对特殊的背景下,农村金融发展缓慢、农村市场发展不健全。相比之下,城市的金融市场发展相对健全,建设资金相对充足,这无疑又加剧了城市和农村经济的不对等和城乡二元结构的形成。面对城市和农村经济一体化被割裂的现状,政府为了保障发展经济指标和金融体系的发展,在政策上过度干预农村金融机构。主要表现在以下几个方面:政府看重银行贷款指标而不是服务指标,在单位之间实行经济效益评比,并对银行的经营决策施加压力,限制本地银行在异地贷款,使得金融机构加大对本地区的服务力度,忽略其他地区,以经济发展为名进行金融区域划分。

2.分散经营的特点导致政府惠农资金缺乏良好的投入渠道

现阶段我国农业主要是以家庭为单位的小农经济,传统的小农经济以一家一户为主要的生产经营单位,农业生产以分散经营为主要特点,农业的产业化水平很低,参与市场的竞争很小。近年来,我国对"三农"的投入很大,但效果甚微:小农经济背景下的农业生产,使政府的惠农资金很难落实到每一户,特别是分散在各个农户手中的资金很难发挥资金的规模效用。

农业科技水平低下、粗放的小农经营,缺乏投入的渠道。主要表现在:第一,分散经营的小农经济使科技人员无法对每户农民逐一进行技术培训;第二,农民知识水平有限,很难理解和接受科技人员的专业知识培训。

表6-2 近年来国家财政总投入与对农林水投入的对比

单位:亿元

项目	2009年	2010年	2011年	2012年	2013年
财政总支出	75874	89575	108930	125712	139744
增长率（%）	21.2	21.2	17.4	21.2	10.9

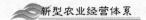

对农林水的支出	6721	8052	9890	11903	13228
增长率（%）	20.1	19.8	21.7	19.8	9.7

数据来源：国家财政局

从表 6-2 可以看出，近年来，我国的财政总支出逐年增长，2009 年、2010 年和 2012 年的增长率均达到 20% 以上，同时国家对农林水的支出也逐年增加，除 2013 年以外，每年对农林水支出的增长率都有 20% 左右。我国最近几年对"三农"的投入很大，但"三农"问题仍难以解决。其原因还是分散的经营模式导致政府的惠农资金缺乏良好的投入渠道。

3. 基于分散经营的农业宏观管理体制不能有效提高农业竞争力

我国农村目前仍是以自给自足的传统农业为主要生产方式，以家庭为生产单位的土地分散经营，农村经济在市场机制下缺乏竞争力。从生产的规模效益角度来看，小规模的农业生产在很大程度上表现出低效率的特征，难以实现规模效益。农村各家各户在生产什么和如何生产上如出一辙，没有特色和创新，这使得我国农村产品在市场竞争中缺乏竞争力。同时，小规模的生产难以发展为大规模的机械化生产，所以现有的农业生产表现出粗放性和低机械化水平性。从宏观的角度来看，由于土地没有完全进入市场，国家很难用市场机制来调节土地要素，农村土地不能流转，导致现有的、落后的农业管理系统，也是提高农业竞争力的障碍。

（二）农村土地不能流转，抑制了农村金融供给

现今我国农村金融供给的现状是：金融机构数量少、资金总量相对缺乏、农村金融规模相对不足；正规金融机构和金融业务趋向城市所导致的资金供给结构性不足。具体表现为正规金融供给规模不足，农村金融资源缺乏，正规金融供给结构不对称所导致金融资源供给城乡失衡、区域布局失衡等。因土地不能流转导致的农村供给型金融抑制，主要为以下几点。

1. 农业非规模化经营导致金融机构涉农功能弱化，助农服务大量减少

从职能分工上来看，农业银行和农业发展银行作为正规的金融机构，应发挥助农资金和政策支持的作用，而农村信用社应作为辅助农业的非正规金融机构。但事实上，现有的农村金融机构无法使农民和农村企业在资金方面得到满足。在村城乡二元结构的背景下，农村土地分散经营，金融机构无法将大规模的贷款给农业

生产,将农业贷款贷给以家庭为单位农户又很难实现。目前的状况是大量农户贷不到款,金融机构又无法将贷款贷出的双重矛盾。由此一来,农业银行和农业发展银行逐渐退出农村市场,涉农功能逐渐弱化,助农服务业大量减少。而与农民联系较密切的农村信用社,在农村也仅仅扮演储蓄机构的角色,也很少发挥助农功能,这在供给上抑制了农村金融。

2. 小农经济致使农村市场化程度不高

现阶段,我国农村经济市场化程度不高,土地依然是农业生产中的核心要素,当农村的劳动力和资金都在市场的导向下自由流转时,农村土地却不能随之一起流转,使得农村的市场化建设不完善。加之农业银行和农村信用社的贷款利率由人民银行决定,人民银行根据金融市场上的资金供求状况及利率的适时调整利率,却没能充分考虑到农村市场的消费水平,导致农村贷款利率超过农民的承受能力,抑制了农村的供给,阻碍了农村市场化的建立。土地不能流转,就不能作为抵押品进行贷款,造成农民贷款需求难以实现,而农村金融机构面对农村贷款风险高的现状又很难将贷款贷出,这种双重的矛盾对原本就市场化程度不高的农村经济而言无疑是雪上加霜。

3. 农村现有信用环境差

由于缺乏相应的担保措施和较低的市场化水平,农村金融资产质量差、风险大、信用状况差。农民几乎得不到来自农村金融部门的贷款,少有的抵押贷款也由于农村土地缺乏流转性而难以进行。此外,农业的生产周期长,受自然条件的影响大,小规模的农业生产承受风险的能力弱,所有这些因素都不利于建立良好的农村信用环境。

(三)土地不能流转,抑制了农村金融需求

农村金融抑制表现的另外一方面是需求型金融抑制。从需求的角度来讲,农村经济发展落后、市场化水平低、土地制度的限制、农村社会保障制度有待完善、农村人口的老龄问题等都限制了农村借贷资金需求。在现有金融供给的条件下,即使农户有资金需求也很难得到满足,反过来又进一步限制了农村金融潜在需求的成长,从而形成我国农村金融需求抑制的现状。造成农村对金融需求不足的原因,主要有以下几个方面。

1. 分散经营导致农民对农村的金融服务需求低

我国农村是典型的小农经济,农业规模以家庭为主要单位,以农业生产为目

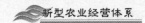

的行使借贷行为。分散经营的小农经济带来的后果是,农民不看重效益最大化问题,而最看重饱暖问题,农民依靠基本的消费交易和理性投资才产生金融服务需求。众所周知,服务业是在经济发展到一定程度上才发展起来的,也就是说,农村金融服务的发展在很大程度上还是取决于农村经济的发展程度。现如今,虽然很多农民在农闲时候进城打工,但以家庭联产承包责任制为主的土地承包责任制仍然制约了农村经济的发展,土地不能流转使得以农为主的农民生产收入增长缓慢,从而遏制了农村居民对农村金融服务的需求。小农经济经营农业效益低,严重影响了农民的生产积极性,制约了农村经济和农村金融服务的发展。

2.传统农业的弱质性导致农户承受风险能力弱

传统农业的弱质性使得其收益受自然条件的影响较大,经济效益明显低于第二和第三产业,因此农业借贷的效益也就相对较低。现阶段,我国农民收入主要用于子女教育、医疗等生活必须性支出,用于农业生产支出的资本积累较少,农民很难承受较高的贷款利率,而金融机构面向农户的信贷利率也超过了农户的承受能力,从而限制了农民对金融的正常需求。以家庭联产承包责任制为主的农村经济,自身发展存在很大的脆弱性和不确定性,对贷款的风险承受能力较弱,加上城乡二元结构下土地不能流转,难以实现农业生产的规模经营。对此,大多数金融机构出于风险管理的角度考虑,面向农村的金融机构趋于萎缩或者大量向城市转移。

3.农村贷款缺乏抵押品

现行的借款保证方式主要有信用、抵押和担保,其中财产抵押和担保占较大比例。由于农民只有土地的经营权而没有所有权,以房屋为抵押又很难实现,农民和乡镇企业用于抵押的资产严重缺乏。加之农村的信用体系不完善,农村金融机构出于风险的考虑,不能及时审核农户和乡镇企业向正规金融机构申请的贷款,而金融机构也把资金投向低风险、高收益的龙头大企业和城市工业。对贫困类型的农户来说,生产性和生活性资金都较为缺乏,但由于他们收入较低,偿还能力差,借款利息都将成为沉重的负担,因此很难被正规金融机构纳入金融服务的范围。

三、推动土地合理规范流转——化解二元结构下农村金融抑制困境的出路

（一）解决土地分散经营推进规模化生产

土地的分散经营严重阻碍了我国农业向现代化发展,并且这种以家庭为主要生产单位的分散经营阻断了农村土地的流转,在土地流转中引发了不少矛盾和纠

纷。借解决农村土地流转的问题解决我国土地分散经营的难题,可以推动我国农业生产向规模化、现代化方向发展。为此,我们首先要做的是建立专门土地流转协调组织来积极引导和协调相邻土地和连片土地的流转,增加集体流转的规模,减少分散流转的规模,可以让土地经营者获得集中连片的土地来经营管理。除此以外,国家和政府应加强思想引导和宣传,让广大农户认识到土地集中连片经营的好处。同时,应该加大对经营土地者的支持与奖励力度,加大对规模经营的投入力度,或先由政府部门承包下来作为试经营,让广大农户看到规模经营的效益。

（二）制定相关土地流转政策,确保土地规范化流转

国家在实施相关措施之前应该充分考虑到土地流转中的困难和问题,从而针对相关问题和困难制定完整的土地流转政策。面对大多数农民恋地情结严重和不能很快接受新制度的问题,政府部门应该尊重农民的选择,遵守自愿、有偿的原则,一切为了农民增收作为根本出发点和落脚点。

土地流转的双方当事人必须签订相关流转合同,并由镇政府或者乡政府进行实名登记并备案,依照土地流转相关政策积极妥善处理土地流转中出现的纠纷。此外,政府还应该制定相关政策,防止出现私人之间非正规流转和无限制流转,规定经营人最多经营的亩数。

（三）完善农村社会保障体系,确保农民最低生活保障

家庭联产承包责任制给予农民一定的保障,由于我国农村现有的社会保障制度还不健全,土地这一保障对于农民来说至关重要,这也是农民存在恋地情结的原因所在。要想打破长期以来农民对土地的依恋,就要健全社会保障制度,以此来弱化土地在农村所起到的保障作用。为此,政府首先要加大对社会保障的投入力度,逐步提高农村养老保险的额度,解决丧失劳动力农民的最起码的生活保障问题。其次是打破城乡二元结构下的户籍管理制度,让农村劳动力在城乡之间自由流转,让长期在城市务工的农民也享受到城市保障体系的成果。只有这样,才能弱化农民的恋地情结,提高农民土地流转的积极性,确保土地有序流转。

（四）完善农村土地流转市场

要想使土地有序流转,就需要一个健全、完善的市场体系,这个市场体系是保障农村土地有序流转的基础。完善农村土地流转市场要从制度方面做起,如果仅仅是土地流转而不是完善制度,农村经济仍然会是小农经济的复制,无法根本上改变现有的农村经济制度。建立完善的土地流转市场,首先要有乡政府和镇政府作

为土地流转中介组织,村级组织积极实施上级决策,建立健全农村信用体制建设,保障农村土地流转制度的顺利实施。其次,政府应大力鼓励农村企业的发展,出台鼓励土地流转和规模化生产的政策,对村镇的龙头企业实行优惠政策,积极鼓励农村居民自住创业,放宽对农村创业企业贷款的限制。这些都是有效实施土地流转、完善农村土地流转市场必不可少的条件。

（五）鼓励外来投资者承包土地经营,加大科技投入力度

近年来,我国城乡经济发展差距较大,城市经济的发达程度远远高于农村。面对大多数农民经营资金有限、承担风险能力弱的特点,政府应加大对土地流转效益的宣传,积极鼓励外来投资者承包经营农村土地。与此同时,有关部门应定期派农业科技人员去农村进行科技指导。农业粗放式经营是目前我国农业发展的主要问题,如何让农业从粗放式经营向集约式经营转变,加大对农业的科技投入十分重要,要让农民看到规模经营的优势所在。

中国农村人多地少,人均耕地面积较少,传统的生产模式无法实现农民生活富裕的目标,可以通过土地流转,引导农民向二、三产业转移,完成农村经济规模化、集中化经营,推动农业生产方式在农村金融的支持与作用下积极转变,实现农业产业化和集约化发展。

第七章　我国农村社会保障的理论研究

农村社会保障制度是我国社会保障制度建设的重要组成部分,不断加强和完善农村居民的社会和生活保障,是我国新农村建设的必然要求。统观我国的社会保障制度,虽然经过了一段时间的发展,但是还有很多问题没有得到根本性的解决。建立完善的农村社会保障体系,让每个农民都享受到经济发展和社会进步的成果,还有很长的路要走。

第一节　我国农村社会保障制度的历史变迁

我国农村社会保障制度是由农村社会救助、农村养老保障制度、农村医疗保障制度和农村社会福利事业共同组成的一个完整的保障体系。新中国成立以来,它历经了三次制度变迁,每次变迁都有各自的特点。

一、1950～1978 年的农村社会保障

新中国成立后,长期扎根于农村的中国共产党和中国人民政府对我国的农村社会保障工作极为重视。建国伊始,我国整个社会的工作重心都是围绕保障社会稳定展开的,在农村当党和政府开展了广泛了灾害救助、难民安置、抚慰受伤士兵的社会救助和保障工作。1949 年 12 月政务院发布了《关于生产救灾的指示》,1950 年确立了"依靠群众、生产自救为主,辅之以国家必要救济"的农村社会保障总方针,同年 12 月内务部公布了《革命烈士家属、革命军人家属优待暂行条例》《革命残废军人优待抚恤暂行条例》《革命军人牺牲、病故褒恤暂行条例》和《民兵民工伤亡抚恤暂行条例》等社会保障政令法规,初步稳定了我国因长期战乱造成的混乱的社会局势。

1956 年以后,人民公社体制的确立使我国农村社会保障建设逐步走上正轨,建立起了以集体经济为基础和保障的复合型社会保障制度。这一制度框架包括以救济贫弱为重点的扶贫制度、以照顾和优待烈军属为内容的优抚制度、"五保"制

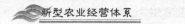

度和农村合作医疗制度。

1958 年农村人民公社建立后,国家加强了人民公社对生活贫困的社员的社会救助,采取的方式主要有以下三种。

(1)年初评定补助工分,并记入当年的劳动统计手册,年终根据劳动量对劳动成果进行分配兑现。

(2)根据年终分配收入情况,适当补助工分或粮食。

(3)从集体公益金中提取补助费,补助贫困户,保障每一个农民的基本利益。

1956 年,"五保"制度正式在我国农村施行,该年 6 月出台的《高级农村生产合作社示范章程》对"五保"对象和"五保"内容作了初步规范,构建起了"五保"制度的基本框架。1964 年 10 月通过的《1956 ~ 1976 年全国农业发展纲要》又增加了"保住""保医"等内容,对"五保"制度进行了进一步的完善。

我国的农村合作医疗制度开始于 20 世纪 50 年代,其创建的初衷是解决农民看不起病的问题,但是这一时期的合作医疗制度并没有以法律的形式正式确立。1960 年 2 月,卫生部出台的《关于农村卫生工作现场会议的报告》,正式将这一制度称为集体医疗保健制度,开始在全国推行。

我国的社会优抚制度在 1956 年农业合作化运动后也随着机体经济的确立而出现了新的变化,主要体现在劳动日数评定制度上。具体来说就是农村集体经济组织对烈军属,按照家庭和个人情况,在春季评定一年内应做的劳动日数,如果其收入在劳动日数内落后于其他成员的平均水平,那么优待一定数量的劳动日。

二、1978 ~ 2002 年的农村社会保障

建立于 20 世纪五六十年代的以集体经济为依托的农村社会保障项目,随着我国市场经济的引入保障效果大大降低。因此 20 世纪 80 年代以后,我国开始了新一轮的由于农村社会保障制度创新与改革工作,其措施主要体现在以下几个方面。

(一)社会救助方式转变

在社会救助方式上,由原来的被动救贫转变为主动扶贫。从 1986 年起,党和政府在全国范围内开展大规模的扶贫计划,并且成立了专门的扶贫机构,通过"以工代赈"等方式,增强贫困人口的自救能力。1994 年 3 月,国务院颁布《国家"八七"扶贫攻坚计划》(以下简称《计划》),计划从 1994 年到 2000 年,集中人力、物力、财力,动员社会各界力量,力争用七年左右的时间,基本解决农村 8000

万贫困人口的温饱问题。2001年5月,国务院又制定了《中国农村扶贫开发纲要（2001–2010）》,该《纲要》将扶贫工作的开展扩大到了更广的领域,将贫困地区尚未解决温饱问题的贫困人口作为重点扶贫对象。

（二）"五保"筹资方式开始改变

这一时期,我国政府针对"五保"供养制度的资金筹集方式进行了改革,该项改革从1985年起在全国逐步推行,经费由乡镇统筹,并加强了对农村敬老院的硬件建设和完善,并初步建立了"五保"服务网络,进一步完善了我国的"五保"制度,强化了该保障制度的保障效果。

（三）农村最低生活保障制度开始实行

在经济较发达地区建立农村最低生活保障制度,在经济欠发达地区建立特困户生活救助制度,向农村生活困难人员提供现金、事物和服务方面的救助,资金由国家和集体负责解决。

（四）农村养老保险试点进行

这项工作开始于1986年,在经过几年的试点后,1992年1月,民政部正式出台了《县级农村社会养老保险基本方案（试行）》。该方案对农村社会养老制度进行了大体勾画,其内容主要有以下几点。

（1）农村社会养老保险以保障农民的基本生活为目的,效益优先兼顾公平。

（2）农民养老保险采取政府引导、组织,农民自愿参加的方式,资金筹集坚持"个人缴费为主、集体补助为辅,国家予以政策扶持"的原则。国家政策扶持主要体现在乡镇企业职工参加养老保险可以税前列支,保险基金运营中免征增值税等。

（3）建立个人账户,将个人缴费和集体补助都记在个人名下,未来领取养老金的数额取决于个人账户资金积累的多少,个人保险金可以继承。

（4）养老保险基金筹措、管理、运营,以县为单位。

（5）对农村各类从业人员适用统一的社会养老保险制度,实行务工、务农、经商等各类人员养老保险一体化,对参保人员进行统一保险编号,对个人账户进行统一管理。

（6）保险对象一般从60周岁开始领取养老金,保证期为10年,未领够10年身故者,由其法定继承人或指定受益人继续领取到10年期满为止,或一次性继承。领取超过10年的长寿者,则一直领取到身故为止。月领取标准计算公式为：月领取标准（年满60周岁的次月）= 0.008631526× 积累总额。但这项制度试点在1999年

以后因种种原因被叫停,此间,仍享有农村社会养老保险的人口有近5000万。

(五)尝试建立新型农村合作医疗

1997年5月,国务院批转了卫生部等部门关于发展和完善农村合作医疗若干意见,提出按照"民办公助、自愿量力、因地制宜的原则"来重建农村合作医疗制度。但这一努力成效不大,在全国推广的范围不大。

(六)改革优抚安置制度

1984年5月,六届全国人大二次会议通过了《中华人民共和国兵役法》,1987年12月国务院颁布了《退伍义务兵安置条例》,次年7月国务院发布了《军人抚恤优待条例》,这些法规明确了我国优待抚恤制度实施的基本原则,即实行国家、社会、群众三结合的优抚工作制度,改革了优待制度,优待方式由"优待工分"改为由乡镇人民政府采取平衡负担的办法,通过农民群众的统筹给予农村义务兵家属发放优待现金,采取以乡镇为单位统一筹集优待金、统一优待金标准、统一兑现的优待办法。

近年来,各地还在探索优待金社会统筹方式,由农民扩大到干部、职工、个体工商户等成员,扩大了优待金使用范围,除优待义务兵家属外,剩余部分还用于解决其他优抚对象,重点是解决在乡老复员军人的生活困难。20世纪80年代,抚恤制度也进行了改革,提高了抚恤标准。"三属"的抚恤由定期定量补助改为定期抚恤。农村退伍安置工作由救济抚慰转向扶持生产、开发使用退伍军人两用人才。

三、2002年以后的农村社会保障

进入21世纪后,我国经济重新步入高速增长的轨道,国家经济实力迅速增强,但是区域发展不平衡的问题并未得到解决,甚至有愈演愈烈的趋势。在这种历史背景下,党的十六大对我国的发展思路做出了战略性的调整,将统筹城乡统一发展纳入我了我国社会我经济发展体系之中,并逐步将解决"三农"问题作为了当前农业发展的重点问题。为了适应新的社会形势和国家战略,我国政府在这一时期对我国的农村社会保障制度进行了以下几个方面的调整和完善。

(一)建立新型农村合作医疗制度

2002年10月19日,中共中央、国务院发布了《关于进一步加强农村卫生工作的决定》。《决定》提出要建立以大病统筹为主,由政府组织、引导、支持,农民自愿参加,政府、集体、个人多方筹资的新型农村合作医疗制度,并计划在2010年覆盖全国。

（二）完善农村"五保"供养制度

2006年1月，国务院第121次常务会议通过了《农村五保供养工作条例》。新版的工作条例将农村"五保"供养对象全部纳入财政供养范围，农村"五保"供养资金由地方人民政府在财政预算中安排，对财政困难地区的农村"五保"供养，中央财政在资金上将给予适当补助。

（三）建立农村最低生活保障制度

2007年，国务院发布了《关于在全国建立农村最低生活保障制度的通知》，要求在全国范围内建立农村最低生活保障制度，将符合条件的农村贫困人口全部纳入保障范围。农村最低生活保障资金的筹集以地方为主，中央财政将对财政困难地区给予适当补助。

（四）全国试行新型农村社会养老保险制度

2009年9月，国务院决定在全国部分地区开展新型农村社会养老保险试点工作，并发布了《关于开展新型农村社会养老保险试点的指导意见》（以下简称《指导意见》）。《指导意见》明确提出了新农养老保险试点的基本原则，即要"保基本、广覆盖、有弹性、可持续"。该原则主要包含以下四层含义。

（1）从农村实际出发，低水平起步，筹资标准和待遇标准要与经济发展及各方面承受能力相适应。

（2）个人（家庭）、集体、政府合理分担责任，要明确权利与义务相互对应的关系，权利的享有是以履行义务为前提的。

（3）政府主导和农民自愿相结合，通过制定合理的参保方式来逐步引导农村居民参保，而不是强制农民参保。

（4）中央确定的只是基本原则和主要政策，具体的实施方案和实施办法需要地方政府根据具体的情况灵活制定。

《指导意见》决定自2009年开始在全国10%的县（市、区、旗）开展新型农村社会养老保险，以后将逐步扩大试点范围，并在2020年之前基本实现对农村适龄居民的全覆盖。

（五）继续丰富和完善农村社会救助以其他保障措施

2003年，我国民政部、卫生部、财政部三部委联合颁发了《关于实施农村医疗救助的意见》（以下简称《意见》），《意见》要求对我国各级政府以及社会保障管理部门对农村"五保户"、农村贫困户家庭成员应该给予必要的医疗救助，保护贫

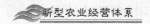

困农民的基本生活权利。

2005 年,国务院决定建立农村义务教育经费保障新机制,这一保障机制将农村义务教育全面纳入国家财政保障范围,义务教育费用改革逐步开启。2007 年,国家全面推行农村义务教育阶段学生"两免一补"政策:对农村义务教育阶段学生全部免除学杂费,全部免费提供教科书,对家庭经济困难寄宿学生补助生活费,至此我国义务教育费用彻底被免除。

第二节　当前我国农村社会保障的基本概况

从总体上看来,目前我国农村社会保障制度虽然已经建立,但是还处于非规范化、非系统化阶段,农村社会保障的缺陷而后问题还有很多,这些问题使得我国农村社会章制度具有很大的不稳定性,在新农村建设过程中必须要逐一对这些问题进行解决,否则农村社会保障制度很难发挥出其应有的作用。

一、我国农村社会保障制度存在的问题

（一）农村社会保障形式单一、水平低、覆盖面小

目前,我国农村社会保障体系很不健全,保障的形式主要是农村社会救济、社会优抚、农村"五保"和少数地方推广的农村社会养老保险及合作医疗保险,仍然有很多人还无法享受社会保障。农村社会保障无论是范围还是标准,相对于城市而言是很低的,据有关调查显示,占人口总数 20% 的城镇居民享受了 89% 的社会保障,占人口 80% 的农村居民,仅享受 110 / 0 的社会保障,在县城以下集体单位的 1 000 多万职工和 2 000 多万个城镇个体经营者基本上得不到应有的社会保障。另外,农村社会保障水平也十分低下,如全国有"五保户"530 多万人,大部分人享受的生活费较低。

（二）农村社会保障社会化程度低、保障功能差

目前农村以养老、医疗为重点的社会保障工作仅在小范围内实行,并没有按法律、政策规定的凡是符合条件的地区、农民必须参加,如此,本应由社会统一承担的社会福利转嫁给了社区集体或企业,变成了企业保障、社区保险,使农村与企业的包袱加重,难以站在与其他市场主体站在同一起跑线上参与竞争,社会保障基金的互济性不能得到充分的发挥。全国虽有 1 870 个县开办养老保险,但参加人口只

占总人口的 10%。积极推行的农村合作医疗制度虽然解决了部分群众"病有所医"的问题,但是没有从根本上解决农村人口与集体在医疗保健上的依附关系,医疗保障只是社区化,而不是社会化。这种状况不仅削弱了社会保障对劳动者的生活保障作用,而且成为集体经济和乡镇企业进一步发展和参与市场竞争的障碍。

(三)缺乏统一管理、效率低下

我国农村社会保障管理混乱,表现在多头管理、政出多门。从管理机构上看,部分在国有企业工作的农村职工的社会保障统筹归劳动部门管理;医疗保障由卫生部门和劳动者所在单位或乡村集体共同管理;农村养老和优抚救济归民政部门;一些地方乡村或乡镇企业也建立了社会保障办法和规定;有的地方,寿险公司也涉及了农村社会保障业务,形成了"多龙治水"的管理格局。由于这些部门所处地位和利益关系不同,在社会保障的管理和决策上经常发生矛盾,导致相互扯皮、办事效率低下的状况。自 1998 年政府机构改革,农村社会养老保险由民政部门移交给劳动与社会保障部以来,受管理体制改革、利息持续下调和中央关于农村社会养老保险政策变动的影响,全国大部分地区的农村养老保险工做出现了参保人数下降、基金运行难度加大等方面的困难,一些地区农村社会养老保险工作甚至陷入停滞状态。

(四)农村社会保障基金筹集模式难以选择

目前,我国农村社会保障基金筹集模式主要采取"现收现付制",但是由于人口老龄化日趋严重,这种方式越来越不适应现状,逐渐出现收不抵支状况。可供选择的模式有"储蓄积累制"和"部分积累制"两种方式,这两种方式各有优缺点。"储蓄积累制"虽然能应对人口老龄化所引起的收和支不平衡的问题,但无法解决已经年老农民的保障问题;"部分积累制"虽然兼顾了上述两种方式的优点,但这种方式需要政府或一批农民承担模式转换过程中产生的成本。

二、我国农村社会保障制度发展的制约因素

(一)农村经济发展落后

社会保障制度的建立是一个国家社会发展和文明的重要标志,也是一个国家经济发展水平的衡量标尺。当一个国家的经济发展到一定水平时,才有可能建立社会保障制度,要建立农村社会保障制度的经济条件更为严格。

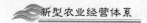

（二）二元经济结构

我国农村社会保障范围小、水平低，究其原因，主要是我国城乡二元经济结构长期存在。我国较为发达的城市经济与欠发达的农村经济并存，现代工业与传统农业并存，城乡差距很大。由二元经济结构所决定，我国社会保障也呈现典型的二元结构，即城市职工的高水平社会保障与农村人口的低水平社会保障并存。

（三）农民的社会保障意识差

我国农民长期以来受文化的影响，认为人的生、老、病、死应该由家庭来负责，家庭保障在农民的心目中是非常神圣的。所以，农民非常看重自己的家庭，不惜一切代价来发展和壮大自己的家庭。"养儿防老"是农民最传统的养老思想，儿子是农民家庭保障的根本保证。

（四）现行农村的土地制度

我国现行的农村土地制度是农民长期承包 30 年不变，这就意味着农民拥有长期的土地使用权。我国的农民只要一出生（具有正式户口），就有分配土地的权利，直到死亡为止，终身享受土地保障。人均拥有土地的自然就业制度，使得农民没有失业的忧患意识，进而没有了要求享受社会保障权利的意识。

（五）中国农村区域经济发展的不平衡

目前，中国农村不仅存在区域经济发展不平衡的状况，而且还有进一步扩大的趋势。区域经济发展的不平衡，给建立一个统一的农村社会保障体系增加了诸多客观的难度。最直接的问题就是无法实行一个统一的保障给付标准。即使按中等发展水平来给付，也存在很大问题。这一标准对发达地区而言，可能过低以至于无法维持最低生活标准。此外，由于区域经济发展不平衡，在保险金筹措，以及社会保障实施对社会经济影响等，都有很大的不同。区域经济发展不平衡状况为农村实施统一的全国范围的农村社会保障设置了客观障碍。

三、健全农村社会保障制度的重要意义

（一）健全农村社会保障制度是法制社会的重要特征

我国《宪法》第 45 条规定："中华人民共和国公民在年老、疾病或者丧失劳动能力的情况下，有从国家和社会获得物质帮助的权利。"显然，这里所说的公民也包括农民在内。农民也应像城市居民一样，在年老、疾病或丧失劳动能力时，有从国家和社会获得物质帮助的权利。从这个意义来说，健全农村社会保障制度是

法制社会的重要特征。

（二）利益对等和税收公平原则的要求

社会保障实际上就是政府向国民提供的一种公共产品。按照利益对等原则，政府以财政资金向社会提供服务及公共产品，作为这些服务及公共产品的受益者应该包括所有向政府上交税费的人。农民上缴农业税等税费为国家税收做出贡献。因此，与城镇居民一样，农民应该享有社会保障。

（三）有利于减少农村贫困、缩小收入分配差距

长期以来，农民为中国的社会经济发展做出了巨大的牺牲和贡献，为国家工业化提供了可观的资金积累，其中相当一部分直接转化为居民的福利。

看病难一直是农民的一块心病。同时，医药费用增长远远超过农民收入的增长，出现了大量的农民因病致贫、因病返贫的非正常现象。从这个意义上，政府也应该加速健全农村社会保障制度。

（四）保持社会的稳定需要健全农村社会保障

建设社会主义的市场经济，实现共同富裕是不可动摇的目标，对于农村地区尤其如此。因此我们必须注意防止两极分化，主要是防止城乡分化和农村内部分化。防止两极分化的重要措施之一，便是建立完善的社会保障体系。农村社会保障可以在高收入者和低收入者之间进行再分配，使整个社会收入趋于公平。这不仅可以保障老、弱、病、残等农民的基本生活，而且也促进了农村社会的稳定。

很多国家的发展经历表明，如果收入分配的差距过大，很容易激化社会矛盾，导致社会的动荡，对经济的发展也会产生诸多负面的影响。一个比较健全的社会保障制度可以维持社会的稳定，为经济的健康发展创造良好的社会环境。

（五）有利于刺激农民消费，拉动农村市场需求

农民消费水平低下，农村市场需求不旺盛，原因在于人们的消费能力及消费信心不足。增加消费需要解决两个问题：一是有能力消费，二是愿意消费。前者取决于收入状况，后者则主要由人们对未来的预期及信心所决定。根据实证研究，建立健全的农村社会保障制度有助于拉动农村居民消费的增长。

（六）有利于降低农业生产经营风险，促进农村市场经济发展

当前，农业生产经营风险主要表现在三个方面。第一，土地保障功能不断弱化，仅靠农业生产很难保障农民的基本生活。第二，在农业产业结构调整过程中，

因为市场因素的不确定性、政策导向和经营管理上的失误等原因,有可能造成较大的风险损失。第三,由于农村生产力发展水平的制约和法治的不健全,加上自然灾害频繁,人为破坏严重所造成的风险损失。要从根本上解决这些问题,把农民的生产经营风险减少到最低程度,必须健全农村社会保障制度。只有社会保障机制切实保障了农民的利益,才能解除农民的后顾之忧,使他们集中精力搞好农业生产经营,促进农村市场经济的发展。

第三节 我国农村社会保障体系建设的主要内容

长期以来,在我国的经济和社会实践中,存在着重经济发展、轻社会发展,重城市发展、轻农村发展的倾向,这一倾向已对我国经济社会的持续健康发展造成了负面的影响,因此必须充分认识建立健全农村社会保障制度的必要性和意义。

一、我国农村社会保障制度的建立及健全

(一)开展农村社会福利

我国现行的福利制度主要有:城镇职工的社会保险,包括养老、医疗、失业、工伤、生育保险;城镇职工的集体福利,包括生活服务、文化娱乐和福利补贴等;以城市最低生活保障制度为主体的城市社会救助;农村社会救助,包括"五保"措施,临时性的救灾、救济。

这些福利制度的基本特点是:纯福利性和公益性,所有制形式为单一的公有制,国家、企事业单位、农村集体组织对福利统包统管。

在农村,除了"五保"措施和临时救灾、救济外,大部分农民享受不到相应的社会福利,这与社会福利制度的基本价值原则是相悖的。任何一个国家的社会福利制度的选择却要考虑社会初始条件和经济发展状况,要结合本国的国情吸取各种福利制度的优点,建立与本国经济发展水平相适应的福利制度。目前,我国的九年义务教育已经在城市得到了切实有效的执行,但是农村的义务教育仍然存在问题。今后仍要进一步加大对农村教育的投入力度,巩固九年义务教育的成果。加强农村社会福利的资金来源不应该仅仅限于国家的财政拨款,还应该发挥民间社团的优势,尤其是非营利经济组织的现有优势。

在改革开放之后,随着单位职能分解、政府机构改革的推进、社会利益的多元化和社会问题的不断出现,非营利组织的总体规模不断扩大,种类也不断增加,其中两类组织引人注目。一类是社会团体,另一类是民办非企业单位。社会团体是由公民自愿组成的,为实现会员共同意愿,按照其章程开展活动的非营利社会组织,主要包括行业协会、联合会、商会、基金会、促进会、联谊会、研究会等;民办非企业单位是由企事业单位、社会团体和其他社会力量以及公民个人利用非国有资产举办的、从事非营利社会服务活动的社会组织。它是 20 世纪 90 年代才出现的新型非营利组织,主要包括民办的学校、医院、福利院(敬老院)、研究所(院)、文化馆(所)、体育机构等。目前,全国社会团体已达 20 万个,民办非企业单位总数超过 70 万个。

我国的政治制度、社会体制、历史文化背景与西方有很大的不同,但就社会福利而言,也有民间组织参与社会福利的传统,这是我们在发展非营利组织时不可忽视的本土资源。我国古代有一些扶贫济困的措施,影响比较大的有"三仓"制度。汉宣帝时设"常平仓",后来民间还出现了"义仓"和"社仓",前者受官府监督,后者由民间自行管理,目的都是遇荒年救济灾民。宗族组织是我国古代社会重要的福利组织,甚至在当今的某些农村地区,宗族的福利功能也不可忽视。宗族一方面负责祭祖和修纂谱牒,作为宗族成员之间的精神感召和联系纽带,以维系宗族的团结。另一方面以族田等形式吸引族人,从物质上把族人聚集在一起。族田是宗族内举办各种公共事业和赈济活动的主要经费来源。族田的收入主要用于祭祀祖先以及相关的各项活动,如救济贫困的族人,办义塾等。此外,宗族还出面组织成员参加修建水井、水渠、池塘、道路、学舍、祠宇等小型的公共工程,以及农忙时相互换工、分工相助等。社学是我国古代民间社会举办福利的又一重要形式。社学有多种形式,有的是地方长吏举办,有的是乡绅举办,也有的是吏绅合办。

社学经费也有多种来源渠道。明代时,广东有"以近学墟市租税充束脩"的,有"列肆十七以供岁费"的,有"置铺三十二以给十六社学"的。但最常见的还是置学田,社学学田或由官吏捐置或由众士绅捐置。由于学田属于恒产,因此社学便有了稳定的经济来源。不复有后顾之忧。综上所述,社学是在官府支持下由地方精英举办的初等教育机构,具有广泛性、普及性、民间性和福利性特点,与中央太学、府州县儒学有根本的区别,与书院、私塾等民间教育机构也有很大的不同。这种民间组织参与社会福利的传统为我们今天发展非营利组织提供了某种借鉴。我们有必要加强对宗族势力的政策引导,抑制它的消极影响,充分发挥宗族组织对其成员的福利功能。社学是我国古代民间举办福利的一个比较成功的形式,虽然有起有落,但前后存续了五六百年,为提高底层民众的文化水平、加强封建社会的礼乐教化起过重要的作用,为今天的民间组织参与社会福利也提供了一种可以借鉴的形式。

(二) 健全农村社会保险

完善中国农村的社会保险应当着重从农村医疗保险和养老保险等方面进行。

1. 医疗保险

医疗保险曾经是我国农村普遍实行过的一种社会保障制度,也是我国农村影响最大、最广泛的保障制度。相对其他的社会保障制度,农村医疗保险的历史显得较为悠久。我国农村的合作医疗制度最早起源于20世纪40年代陕甘宁边区的医药合作社,它是由群众采取集股的方法来解决农民医药上的风险的需求。20世纪50年代,随着农业合作化的发展,山西、河南等地办起了"合作医疗",随后全国其他农村地区也都兴办起"合作医疗"。到1976年,我国农村90%以上的农业生产大队办起了合作医疗。1983年以后,由于农村实行联产承包责任制,集体经济结构发生变化,同时也由于农村合作医疗业已暴露出来的问题,农村合作医疗制度呈现大幅度的回落,到1986年前后,我国大部分农村地区的合作医疗解体,仅有5%的农村地区仍然保留了合作医疗制度。这些农村地区主要集中在经济相对较为富裕的苏南、上海和浙江部分地区。到80年代末,由于农民看病难、因病致贫等原因,政府重新肯定了农村合作医疗"2000年初级卫生保健"战略的实施使农村医疗保障建立比例逐年回升。但是,农村医疗保险已不是过去合作医疗的简单恢复。

各地农村应该根据本地的经济条件和群众意愿,吸取以往办合作医疗的经验,试行形式多样、内容不同的医疗保障制度,如健康医疗保险、风险型医疗保险、合作办医、预防保健合同制等。针对现行的农村医疗保健制度仍然存在的抗风险能力低,农民生大病时尚缺乏社会保障制度的可靠保证,建议实行互助式的医疗保险体制。还可以从农村税收中提取一定比例。农村税收包括对农村乡镇、乡镇企业、农村个体工商业户以及农民个人征收的产品税、增值税、营业税、所得税、屠宰税、牲畜交易税和集市交易税等。由农民个人交纳医疗费用,投入到保险基金中,国家协助农民就医治病,投入医疗机构的建设,但不再对就医费用进行负担。针对保险基金的不足问题,可以考虑采取吸纳社会中大量的非营利社会组织基金的方法。

2. 养老保险

相对于农村医疗保险,农村养老保险是发展较晚的农村保障制度。1986 年 10 月,民政部和国务院有关部委在江苏沙州县召开了"全国农村基层社会保障工作座谈会",会议提出了在农村经济发达和比较发达地区,开展以社区(乡,镇屯村)为单位的农村养老保险。1991 年 10 月,民政部在山东牟平县召开了"全国农村社会养老保险试点工作会议",进一步确定了建立我国农村社会养老保险的基本原则,总结和推广了山东牟平县建立县级农村社会养老保险的经验。1992 年 7 月底,民政部在武汉召开了"全国农村社会养老保险工作经验交流会",重点推广了武汉市建立农村社会养老保险经验。在这以后,农村社会养老保险有了较大发展。1992 年底,全国有 100 多个县建立了农村社会养老保险管理机构,组织农村参加养老保险。全国有 3 500 万农民参加了社会养老保险,共积累保险费 10 亿多元。

然而,农村养老保障制度在整体还处于一个较低的水平,并且这种养老保障制度也存在一些缺陷,如没有代际间的调剂,也没有同代内不同收入之间的调节;养老金的保值与增值问题。同时,由于农村养老保险基金平衡模式是个人自我平衡,与城镇职工养老保险的时期平衡模式有本质区别,实行城乡养老保险一体化存在很大难度。

建立农村社会养老保险制度要从农村的实际出发,以保障老年人的基本生活为目的。建立农村社会养老保险制度要坚持资金个人缴纳为主,集体补助为辅,国家予以政策扶持;自助为主,互助为辅,家庭养老与社会养老相结合;农村农、工、商等各类人员社会养老保险制度一体化,由点到面,逐步发展。针对目前这种状况,笔者认为采取"三三制"的原则较为理想,即在养老保险基金的构成上农民交纳的资金比例占到 40%,可以采取按月缴纳的方式,也可以根据农民交的税费,从中扣除一定的比例;村级组织出资 30%,国家财政出资占到 30%,由国家财政拨款。对筹集好的资金,要实现投资的实际回报率达到正值,即积累基金的实际价值高于投保者付出的保费。因此要加强基金的管理,预防资金的流失不能是真正的目的,关键是要使资金有效的运作起来,实现它的保值和增值,可以通过设立专门的基金管理机构,由该机构进行资金的保管、经营和支付,对资金的经营要经国家民政部门的审批方可用于投资和进行其他活动,以实现资金的保值和增值。

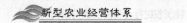

（三）完善农村社会优抚

优抚安置是优待、抚恤、安置三种待遇的总称。优待是指按照国家规定对优抚对象从政治上、经济上给予的优厚待遇；抚恤是指国家对伤残人员和牺牲、病故人员家属所采取的物质抚慰形式，分伤残抚恤和死亡抚恤两类；安置则通常是指对特定对象（复员退伍军人、军队离退休干部及其随军家属、无军籍退休退职职工）或生产、生活有困难者（如遭受毁灭性自然灾害的灾民、流入城市的流浪乞讨人员等）的扶持、帮助或就业安排。国家制定并实施优抚安置制度的目的在于保障优抚对象的生活、提高他们的社会地位、激励军人保卫祖国、建设祖国的献身精神，加强军队建设、增强国防力量。新中国成立以来，国家不断地健全和完善优抚安置制度，使它在军队建设和国家社会主义建设事业中发挥了巨大的作用。在农民有权利获得社会保障的部分当中已述及我国军队的士兵来源大部分是农民，如何使农民的转业安置问题得到有效解决是现阶段我国农村社会保障的关键。

当前应该进一步切实做好农村转业兵的安置工作，除了现有的方式和方法外，应该充分利用乡镇企业提供的大量就业机会，改变过去进城安置的老方法，在机构设置灵活多变的基础上，在农村基层组织中提供更多的岗位。提高复员兵的复员标准。可依据服兵役的年限具体计算，并在复员时一次性发放，还要根据经济发展水平和所安置地区的生活水平，对复员费用进行适度调节。同时，对军属和军烈属的就业、升学等也要给予优惠的政策安排，例如，在其子女升学时给予加分；对军烈属的农业税给予一定减免等。最后，对农村中的伤残人员除给予抚恤金外，还要对特等伤残人员建立特殊的场所和福利设施，因为他们除了需要帮助生活和活动的辅助器械外，其衣物和其他生活用品也会有所不同，例如他们常年卧床，衣服与被褥的磨损比正常情况要严重。这些表明，国家应在经济发展、国力增强的情况下，增加农村中抚恤对象的收入，以减少他们的生活困难，减轻他们的精神压力，进而维护社会稳定。

（四）加强农村社会救济

目前，我国农村社会救济，主要包括"五保"措施，临时性的救灾、救济。农村最低生活保障制度与城市居民的最低生活保障制度相比较为匮乏。目前在我国城乡实行的最低生活保障制度实际上是以往所说的社会救济制度。将社会救济制度说成是最低生活保障制度更有利于体现对人的尊严的尊重，体现社会对于生活在贫困境况下的人们的责任。

在如何更合理地建构我国农村最低生活保障制度问题上,学者们发表了有意义的见解。例如,有人认为,完善最低生活保障制度是事关社会保障制度整体设计的一项重要工作,因此首先需要理清设计思路。一种思路是根据同类人群在不同方面的需要,设立一个不同类型救助金的结构,以满足不同方面的需要。另一种思路是根据救助对象的家庭特征或者本人特征,设计可以体现有差别的救助金标准系统。也有人认为,农村集体补助特困户资金是"救命钱",不能可有可无、可多可少。它具有明显的税收特征,通过税收的方式筹集资金,既可以体现税收在保护贫困人群方面的强制性,也是农村社会救济的发展方向。因此,应将村集体补助特困户资金与五保户供养资金一起列入新的农业税附加统一收取。

农村社会救济存在的问题与农村养老保险和医疗保险基本相同,包括社会救济资金严重不足、覆盖范围小、待遇标准低。对此,我们建议应该改变过去农村社会救济资金主要靠县财政和乡村集体经济投入的做法,不仅要将"五保户"的供养资金列入农业税附加,而且还要规定对特困户救济的资金来源。由于税费改革使乡镇经费大幅度减少,只靠县财政提供的有限资金不能保证为所有特困户提供救济,有些经费紧张的地方,农村社会救济工作处于停顿状态。所以为了克服经费短缺但需要救济的人越来越多的现状。我们应该广泛运用民间的力量,充分发挥非营利社会组织的优势。例如,中华慈善总会先后为全国性水灾、雪灾地震等灾害筹集善款,实施紧急救援;在西部贫困地区建设雨水积蓄工程,初步缓解了定西等县的贫困人口的用水困难。中国青少年发展基金会以希望工程为品牌的助学活动和保护母亲河行动更是引起世界瞩目。中国青年志愿者行动在环保、社区服务、扶贫济困以及为大型体育盛会和国际会议服务方面成绩斐然。非营利组织是我国社会结构中的一项活跃因素,在社会福利的服务提供和资源提供方面都具有很大的优势,在就业领域也有很广阔的前景。这些做法应该继续得到加强,使民间救济的重点能真正落实到农村。此外,近年来我国坚持的"开发式扶贫"也有人把它概括为"六位一体"的扶贫,即思想扶贫、人才扶贫、科技扶贫、教育扶贫、资金扶贫、改革扶贫。

二、农村牧区新型社会保障制度研究——以内蒙古自治区为例

建设新型的现代社会保障制度是经济、社会发展的大势所趋。内蒙古自治区

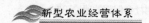

农村牧区社会保障制度建设起点低、基础差、难度大,如何建立一套可行的、高效运行的新型农村牧区社会保障制度,也是应当引起关注的重点。

（一）内蒙古自治区农村牧区新型社会保障制度建设总体状况

目前,内蒙古自治区农村牧区新型社会保障制度建设状况令人担忧。22.9.%的村（嘎查）没有实施任何新型社会保障制度,实行社会养老保险制度的村（嘎查）占7.4%,实行最低生活保障制度的村（嘎查）占13.1%,实行合作医疗制度的村（嘎查）占8.9%。可以说,各种新型社会保障制度形式在农村牧区覆盖率都很低。

农牧民对农村牧区新型社会保障制度的肯定程度不高,只有28.5%的农牧民认为农村牧区新型社会保障制度"作用很大",另外31.5%的农牧民认为"作用很小",11.5%的农牧民认为"没有作用",28.5%的农牧民对农村牧区新型社会保障制度的"作用不清楚"。农牧民对农村牧区新型社会保障制度的作用认同程度不理想。农村牧区新型社会保障制度的建设以农牧民自愿参加为最基本的原则,农牧民对新型社会保障制度评价不高,不可避免地影响到他们自愿参加的积极性。

在被调查的农牧民中,参加社会养老保险的占13.4%,享受最低生活保障待遇的占10.1%,参加合作医疗的占4.5%,没有享受任何一种社会保障待遇的农牧民占25.5%,各类新型社会保障制度的农牧民覆盖率都很低。

目前农村牧区新型社会保障制度建设比较落后,要进一步发展,还取决于农牧民对新型社会保障制度的认可程度。农牧民对农村牧区新型社会保障制度建设抱有期望,认为"有必要建立社会养老保险制度"的农牧民占65.2%,"有必要建立合作医疗制度"的农牧民占33.3%,"有必要建立最低生活保障制度"的农牧民占47.8%,存在建设新型社会保障制度的群众基础。

（二）内蒙古自治区农村牧区各类新型社会保障制度建设现状的调查分析

1. 农村牧区合作医疗制度建设现状的调查分析

在被调查的村（嘎查）仅有5.2%的村（嘎查）存在合作医疗制度,合作医疗发展水平较低,其原因主要是:一是有些农牧民对新型合作医疗的好处认识不足,存有疑虑;二是许多试点旗县还没有建立起合理、简便、有效的农牧民交费机制;三是一些试点地区制定的试点方案还不够科学、合理,影响了农牧民的受益面和受益水平;四是一些农村医疗机构服务不规范,药品价格偏高;五是合作医疗的管理能力薄弱。

2. 内蒙古农村牧区最低生活保障制度建设现状的调查分析

从被调查的村看（嘎查），89%的村（嘎查）没有最低生活保障制度，可见，农村牧区推广"低保"制度依然任重而道远。目前，农村牧区最低生活保障制度建设存在以下问题：

（1）认识上的误区。

经济决定论，部分政府工作人员认为，"低保"工作固然重要，但地方经济发展落后，财政资金不足，爱莫能助。

城市优先论，有些人则认为，同是社会弱势群体，农村牧区低收入居民与城市低收入居民相比，起码还拥有赖以生存的土地、草场，城市"低保"工作比农村牧区"低保"工作更迫切、更重要，重视城市"低保"工作，忽视和轻视农村牧区"低保"工作。

（2）农村牧区"低保"对象界定标准上的困难。

第一，收入难以货币化，由于农村牧区居民收入中粮食、牲畜等实物收入占相当大的比重，因此在估算其收入时，有较大的随意性；第二，收入的不稳定性，不仅农作物收成受自然灾害的影响起伏较大，外出务工人员收入也不稳定；第三，由于农村牧区养老金制度远未普及，那些丧失劳动能力和经济来源的老年人，其生活、就医、子女求学等方面的困难加大。

（3）低保资金难以落实到位。

主观层面上，部分基层政府部门对农村牧区"低保"工作的重要性认识不足，造成资金的挤占挪用和缺失；客观层面上，"低保"资金来源单一，完全依赖财政投入。多数地区的财政收支状况尚属"吃饭财政"，解决城市"低保"已勉为其难，对面更广、量更大的农村牧区"低保"工作，资金缺口难以弥补，这是制约农村牧区"低保"工作整体推进的一个现实问题。

（4）管理体制难以适应形势的变迁。

在户籍制度放开、人口流动频繁的新形势下，农村牧区"低保"工作的管理难度进一步加大。

3. 内蒙古自治区农村牧区社会养老保险制度建设现状分析

从调查的村（嘎查）看，有20.1%的村（嘎查）实施过社会养老保险制度，社会养老保险覆盖率不高。被调查者中，参加了社会养老保险的农牧民占27.6%，虽然达到了一定规模,但比例仍然很低。农牧民不愿意参加社会养老保险,首要的原因是"不知道有社会养老保险",农牧民对社会养老保险制度的了解程度较低。据调查,很清楚社会养老保险制度规定的人占25.4%,知道一些的人占36.6%,不知道的人占38.0%,只有少数人清楚社会养老保险制度规定,这个因素直接影响到农牧民参加社会养老保险的可能性。个人交费规定存在的问题也有明显的不利影响,从参加社会养老保险的人来看,规定年交费低于50元的占50%,50～100元的占7.9%,400～500元的占26.3%,500元以上的占15.8%,个人交费能力低,政府补贴、村(嘎查)补助状况也很差,直接影响到农牧民参加社会养老保险的积极性,这已成为发展农村牧区社会养老保险事业的一道难题。此外,在农村牧区还有着子女养老的传统和习惯,无论子女是否有这个能力,也无论老人们是否还有其他养老方式,许多人还是选择了子女养老,这也影响了社会养老保险的发展。

(三)内蒙古自治区农村牧区新型社会保障制度建设的基本原则

各级政府应重视农村牧区新型社会保障制度建设,能够从本地区的实际出发,结合具体条件,制定适合本地区的农村牧区新型社会保障制度。地区经济发展、村(嘎查)集体经济发展是建设和实施农村牧区新型社会保障制度的基础,在农村牧区集体经济薄弱并在短时间内难以得到发展的情况下,应通过推动农村牧区合作经济的发展,为建设农村牧区新型社会保障制度创造条件。量力而行,有步骤、循序渐进地进行农村牧区新型社会保障制度建设,既不能不顾一切地求全、求快,也不能在困难面前不作为,应本着"能办什么就办什么"的原则,实实在在地进行农村牧区新型社会保障制度建设。理顺农村牧区新型社会保障制度建设过程中管理关系,特别是部门之间的管理关系。在农村牧区新型社会保障制度建设进程中,一定要重视宣传、动员的作用,农牧民自愿是基础,但不可忽视政府宣传、动员的作用。在社会保障管理机构建设上,要在充实旗(县)级管理机构的同时,完善乡镇、苏木级管理机构,并加强其在农村牧区社会保障制度建设上的宣传、动员、组织、管理职能。认真进行农村牧区新型社会保障制度建设的统计分析工作,使农村牧区新型社会保障制度建设做到信息化、动态化管理。

(四)农村牧区新型社会保障制度建设意见

1.农村牧区合作医疗制度

(1)农村牧区合作医疗制度建设目标。

在总结试点旗县经验的基础上,进一步扩大试点范围,为在全区范围内推行农村牧区合作医疗制度提供更多的经验,应在所有盟市和旗县、90%的乡镇(苏木)、80%的村(嘎查)实施合作医疗制度,使合作医疗制度覆盖85%以上的农牧民。

(2)农村牧区合作医疗制度建设步骤。

对于试点的盟市,要实事求是地总结试点中取得的成效和存在的问题,采取切实可行的措施解决存在的问题,在此基础上,在本地区全面建成农村牧区合作医疗制度;在没有试点单位的盟市,最好选择2~3个有区域代表性的旗(县、市)进行试点,在本地区全面建成农村牧区合作医疗制度奠定基础。通过试点,制定内容全面的新型合作医疗制度实施细则。

(3)农村牧区合作医疗制度建设重点。

农村牧区合作医疗制度建设应以保"大病"为重点。从我区农村牧区来看,农牧民最头疼的是"得大病"。"保大病"更能调动农牧民参加合作医疗制度的积极性。也可以适度进行"保大兼小",实行大额费用与小额费用补助相结合,既提高抗风险能力,又兼顾农牧民受益面。

总结合作医疗试点旗(县)经验,为全面实施合作医疗制度做准备。认真、系统地总结目前试点旗(县)合作医疗建设上的经验,寻找存在的问题,研究解决的办法,在对试点旗(县)合作医疗制度的可操作性、实际效果进行深入剖析的基础上,进一步完善内蒙古自治区农村牧区合作医疗制度的可参考模式,然后大范围推广。

(4)建立科学合理的农村牧区医疗基金筹集机制。

内蒙古自治区农村牧区合作医疗的筹资政策规定,除中央财政每年为参加合作医疗的农牧民每人补助10元以外,自治区、盟市、旗县财政每年每人补助资金分别为4元、3元和3元;农牧民个人年缴合作医疗费不少于10元。各级政府用于合作医疗的扶持资金占2/3以上,是此项工作成败的关键。但在实施中,存在着财政补助不到位的问题,由于政府财政补助是引导筹资的前提,没有了这个前提,难以吸引农民缴费,影响到了新型合作医疗制度的巩固和发展。因此这种现象今后必须杜绝。可以考虑实行以医疗救助为核心的卫生扶贫,实施贫困家庭医疗救助制度,将部分扶贫资金转化为贫困农村牧区合作医疗基金,实施新型合作医疗扶贫。

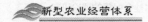

（5）完善农村牧区卫生机构。

县、乡、村三级医疗卫生机构，既是农村牧区预防保健网，也是新型农村牧区合作医疗的载体，是开展农村牧区卫生工作的基础。发展合作医疗制度的目标是让农牧民"小病不出村，大病不出乡和县"，除了县级医疗卫生机构，乡、村两级医疗卫生机构作用也很重要。除县（旗）政府所在乡镇外，每个乡镇（苏木）必须建好一所卫生院，除乡镇（苏木）所在村外，每个村（嘎查）必须建好一个卫生所。同时，合理布局农村牧区医疗卫生资源，根据地理位置、人口密度等因素重新调整乡镇苏木卫生院的数量、规模和布局，积极发展村级诊所，提高初级诊疗质量。鼓励县、乡、村三级卫生机构之间的纵向合作。

（6）强化农村牧区新型合作医疗制度的管理与监督。

建立、健全合作医疗管理、监管制度非常重要，这是提高合作医疗服务质量的保证。

一要建立健全各项管理规章制度，并严格执行。各地政府或行政主管部门要结合本地情况制定出农村牧区合作医疗管理办法与实施细则，各级合作医疗管理组织要对资金筹集、报销比例与减免范围、财务管理、出诊转诊、药品管理、卫生服务、审计监督等合作医疗的各个环节制定与落实相应的管理规章制度。

二要加强审计与监督。要成立由有关部门和农牧民代表参加的监督组织，定期对合作医疗的实施情况进行监督检查，特别是对医疗资金的筹集、管理和使用情况，进行严格审计，并向农牧民张贴公布。各级合作医疗管理组织应定期向同级人民政府汇报工作，并接受同级人民代表大会的监督。在明确合作医疗管理主体，完善合作医疗管理体制，健全合作医疗管理制度的同时，重视合作医疗监管，对医疗服务本身、药品采购与销售进行质量监管、成本控制。

2. 农村牧区最低生活保障制度

（1）最低生活保障制度建设应遵循的原则。

最低生活保障制度建设应遵循的原则是，保障基本生活；公开、公平、真实；属地管理；国家与社会帮扶相结合；鼓励劳动自救。

（2）农村牧区最低生活保障制度建设目标。

应在农村牧区普及最低生活保障制度，最低生活保障制度覆盖到所有乡镇（苏木），覆盖到应列入保障对象的农牧民超过本村（嘎查）总人口 20% 的村（嘎查），大中城市的郊区要普遍实施最低生活保障制度。

（3）农村牧区最低生活保障制度建设步骤。

建设农村牧区最低生活保障制度也应采取先试点、后普及的过程。先在大中城市所辖区、较富裕的旗县、贫困人口多的旗县、纯牧业旗各选择 1~2 个试点单位，探讨适应自治区农村牧区不同地区情况的多样化最低生活保障制度框架。试点单位运行 1~2 年后，在总结其经验的基础上，形成几种最低生活保障制度模式，推向适宜的地区。最终要在本地区全面实施农村牧区最低生活保障制度。

（4）农村牧区最低生活保障制度建设重点。

要以"通过最大努力仍达不到最低生活保障线"为衡量标准界定保障对象。最低生活保障对象一般包括：因缺少劳力、低收入造成生活困难的家庭；因灾、因病及残疾致贫的家庭；无劳动能力、无生活来源及无法定抚养人的老年人、未成年人、残疾人等。在经济条件困难的条件下，重点对象是因无劳动能力而贫困的家庭与个人。从全区的角度看，应重点支持扶贫重点旗（县）的最低生活保障建设，从区财政上给予倾斜支持，特别是将经济发展基础很薄弱、地方病多发的旗（县）作为支持重点中的重点。最低生活保障制度应建到所有乡镇、苏木，应使占农村牧区总人口的 20% 的人享受最低生活保障待遇。

（5）科学确定保障线标准。

较为科学可行的最低生活保障线标准应为基本生活费支出占农牧民人均收入的 26% 左右，经济较为发达地区以 24% 左右为宜，经济欠发达地区以 28% 左右为宜。为能尽快建立农村牧区最低生活保障制度，其保障线标准在起步阶段可以低一点（但不要低于国家贫困线标准），随着农村牧区经济的发展、农牧民生活水平的提高及物价上涨幅度的变化而逐步调整、提高。

（6）合理筹集保障资金。

在实际工作中，保障资金可由自治区、盟市、旗县、乡镇（苏木）各级财政合理分担，社会捐赠和社会互助等再补充一点。至于各级财政的分担比例应根据各地实际确定。农村牧区经济条件好的主要由盟市、旗县、乡镇（苏木）负担，其负担比例可以为 3：4：3，农村牧区经济条件差的主要由自治区、盟市、旗县负担，其负担比例可为 4：4：2。

（7）最低生活保障管理制度。

实施政府领导、民政主管、部门协作、社会参与的管理制度。盟市级政府对本

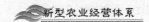

地区农村牧区最低生活保障制度建设负总责,盟市民政部门负责本地区农村牧区最低生活保障制度的制定和组织实施工作,县级民政部门负责农村牧区最低生活保障制度的具体审批管理和低保金发放工作;财政部门保证最低生活保障资金按时、足额到位;统计、物价、审计部门在应尽职责范围内负责农村牧区最低生活保障制度的有关工作。乡级政府负责农村牧区最低生活保障对象的"应保尽保"的具体落实工作。村民自治委员会可以接受政府的委托进行日常管理和服务。鼓励企事业单位、社会团体、个人为最低生活保障制度对象提供各种形式的帮助。

3. 农村牧区社会养老保险制度

(1)社会养老保险制度建设中参保对象分析。

农牧民参加社会养老保险的积极性很高,但从制度建设上看,农村牧区社会养老保险制度建设处于停滞状态。建设农村牧区社会养老保险制度的关键是弄清参保意愿高的群体。根据统计分析,发展社会养老保险制度的重点,从年龄上看是50岁以下的人;从家庭状况看是温饱家庭;从社区来看是靠近城镇地区;从收入水平来看是中等收入者。

(2)农村牧区社会养老保险制度建设目标。

使城镇居民中的农牧民参保比例达到60% ~ 70%。并在此基础上,以发动城镇居民中的农民参加社会养老保险作为开展农村牧区社会养老保险的突破口,全面开展村(嘎查)社会养老保险工作。

(2)农村牧区社会养老保险制度建设步骤。

开展农村牧区社会养老保险工作,也要进行试点。特别是第一年就应该着手进行农村牧区社会养老试点工作,从各方面考虑,可以选择呼和浩特市、包头市、乌海市、赤峰市、鄂尔多斯市、呼伦贝尔市、锡林郭勒盟的部分地区作为试点单位。

(3)农村牧区社会养老保险制度建设重点。

应把以下家庭作为重点对象:有一定收入但子女养老难度大的老年家庭;身边没有子女的"空巢"家庭;有一定收入的单亲家庭;外出打工人员比例高的家庭;无子女家庭;低收入而非贫困的家庭;失地农牧民家庭。

(4)农村牧区社会养老保险制度建设的原则。

循序渐进,从有条件的地方先试行,根据我们的调查分析,应在中小城市的城郊接合部、县城所在镇或中心镇、乡镇政府所在地、经济发展水平较高的村(嘎查)

率先建设农村牧区社会养老保险制度。

（5）参保对象。

参保对象可以包括18～55周岁的农牧民。根据前面的农牧民参保意愿分析，可以把进城务工经商农牧民、失地农民、乡镇企业从业人员、农村牧区个体经营者、乡村农业户口教师、村干部、农村计划生育对象、收入达到一定水平的农牧民作为动员的重点对象，鼓励他们积极参加社会养老保险，然后逐步向其他农牧民推广。

（6）管理机构。

各级劳动与社会保障部门是农村牧区社会养老保险的主管部门，应该依托于劳动社会保障部门，系统建设农村牧区社会养老保险机构，从上到下理顺其管理体制，这是建设农村牧区社会养老保险制度要做的首要工作，没有农村牧区社会养老保险机构，应尽快设立，农村牧区社会养老保险机构还设在民政部门的，应尽快向劳动与社会保障部门移交，推进农村牧区社会养老保险制度建设，应成为乡级劳动社会保障机构的工作重点之一。

总而言之，尽管我区农村牧区新型社会保障制度建设水平低、难度大，但只要各级政府高度重视，政策制定合理，积极动员和组织，并切实能使农牧民得到实惠，尽快推进农村牧区新型社会保障制度建设，是人心所向，大势所趋。